essentials

essentials liefern aktuelles Wissen in konzentrierter Form. Die Essenz dessen, worauf es als „State-of-the-Art" in der gegenwärtigen Fachdiskussion oder in der Praxis ankommt. *essentials* informieren schnell, unkompliziert und verständlich

- als Einführung in ein aktuelles Thema aus Ihrem Fachgebiet
- als Einstieg in ein für Sie noch unbekanntes Themenfeld
- als Einblick, um zum Thema mitreden zu können

Die Bücher in elektronischer und gedruckter Form bringen das Expertenwissen von Springer-Fachautoren kompakt zur Darstellung. Sie sind besonders für die Nutzung als eBook auf Tablet-PCs, eBook-Readern und Smartphones geeignet. *essentials:* Wissensbausteine aus den Wirtschafts-, Sozial- und Geisteswissenschaften, aus Technik und Naturwissenschaften sowie aus Medizin, Psychologie und Gesundheitsberufen. Von renommierten Autoren aller Springer-Verlagsmarken.

Weitere Bände in der Reihe http://www.springer.com/series/13088

Thomas Görnitz

Protyposis – eine Einführung

Bewusstsein und Materie aus Quanteninformation

Unter Mitarbeit von Brigitte Görnitz

 Springer Spektrum

Thomas Görnitz
Fachbereich Physik
Goethe-Universität Frankfurt/Main
Frankfurt am Main, Deutschland

ISSN 2197-6708   ISSN 2197-6716   (electronic)
essentials
ISBN 978-3-658-23493-5   ISBN 978-3-658-23494-2   (eBook)
https://doi.org/10.1007/978-3-658-23494-2

Die Deutsche Nationalbibliothek verzeichnet diese Publikation in der Deutschen Nationalbibliografie; detaillierte bibliografische Daten sind im Internet über http://dnb.d-nb.de abrufbar.

Springer Spektrum ist ein Imprint der eingetragenen Gesellschaft Springer Fachmedien Wiesbaden GmbH und ist ein Teil von Springer Nature
Die Anschrift der Gesellschaft ist: Abraham-Lincoln-Str. 46, 65189 Wiesbaden, Germany

Was Sie in diesem *essential* finden können

- Physik ist die Grundlage aller Naturwissenschaft, sie gilt immer und überall.
- Neue Physik bedeutet neue Gedanken für das, was bisher nicht erklärt werden konnte.
- Seit Einstein weiß man, dass Energie in Materie umgewandelt werden kann. Das besagt nicht, dass man beides nicht mehr unterscheiden soll, sondern dass es eine gemeinsame und abstrakte Grundlage für beides geben muss.
- Diese Grundlage der Realität sind die abstraktesten und daher einfachsten Quantenstrukturen, die Quantenbits.
- Die Quanteninformation liefert einen roten Faden vom Beginn des Kosmos bis zum menschlichen Bewusstsein.

Vorwort

Die Protyposis gibt aus einer grundlegenden naturwissenschaftlichen Sicht und mithilfe von philosophischen Überlegungen und der Mathematik eine durchgängige Erklärung vom Anfang der kosmischen Entwicklung bis zum reflektierenden Bewusstsein des Menschen. Als Quanteninformation, als Struktur von Quantenbits, eröffnet sie stets einen Fächer von Möglichkeiten in der Evolution.

Die Protyposis (das Vorgeprägte) ist die einfachste Vorstruktur. Sie ist primär nicht anschaulich, jedoch entwicklungsfähig. Sie erlaubt anfangs noch nicht, zwischen Vorder- und Hintergrund zu unterscheiden, also nicht zwischen Gestalten und deren Umgebung oder zwischen Form und Inhalt. Durch ihren Namen – „pro" als „vor" und „typus" als „Struktur" – soll diese Vorstruktur verdeutlichen, dass sie sich jedoch zu Teilchen mit Energie und Masse sowie im weiteren Laufe der Evolution sogar zu bedeutungsvoller Information entwickelt.

Wenn die erkannte Grundstruktur der Realität beschrieben werden soll, dann darf dafür kein Begriff verwendet werden, der zu eng mit dem Alltag und dessen Vielfalt verbunden ist. Die Begriffe des *Seins* und des *Werdens* scheinen andererseits zu weit von der Naturwissenschaft entfernt zu sein.

Natürlich ist es schwierig, sich vorstellen zu sollen, dass Quantenbits und materielle Objekte einander äquivalent sein sollen. Manche kennen noch die seit längerem überholte Behauptung, es gibt nur die Materie und die Bewegung sei ihre Grundeigenschaft. Bewegung realisiert sich in der Physik als kinetische Energie. Seit Einstein weiß man, dass Energie und Materie einander äquivalent sind, dass man also Bewegung in Materie verwandeln kann – so wie dies in den großen Beschleunigern (LHC) geschieht.

Die Beschreibung der Wirklichkeit auf Strukturen aufzubauen, die heute als *Quantenbits* bezeichnet werden, wurde in den 1950er Jahren von Carl Friedrich v. Weizsäcker (1912–2007) mit philosophischen Überlegungen begonnen. Seine

Monografie: *Aufbau der Physik* fasst den Stand von 1985 zusammen. Weizsäcker verband „Information" mit „Bedeutung" und mit „Wissen". Die Vorstellung einer *absoluten Information*, die sich für einen Anschluss an die Physik als unerlässlich erweist, lehnte er ausdrücklich ab.

Mit der Quanteninformation ist es ähnlich wie mit der absoluten Temperatur. Sinnvoll von wohlbestimmten Anzahlen von Quantenbits zu sprechen, welche die stabilen Teilchen mit der jeweils zu ihrer Sorte gehörenden Ruhmasse formen, wird auch erst mit absoluten Werten möglich. Wenn im Folgenden von „Masse" gesprochen wird, ist stets die Ruhmasse gemeint.

Die **A**bsoluten und abstrakten **B**its von **Q**uanten**I**nformation der Protyposis (AQIs) bezeichnen eine noch bedeutungsfreie und damit bedeutungsoffene Quantenstruktur. Die AQIs bilden die einfachste Quantenstruktur, die aus mathematischen Gründen möglich ist. Aus ihnen kann die Fülle der natürlichen Erscheinungen erzeugt werden.

Die in Fach-Publikationen dargestellte Theorie wurde mit ihren physikalischen, naturphilosophischen und psychologischen Folgerungen in fünf umfangreichen Monografien ausgebreitet: T Görnitz: *Quanten sind anders* (1998), T Görnitz und B Görnitz: *Der kreative Kosmos* (2002), *Die Evolution des Geistigen* (2008), T Görnitz: *... und Gott würfelt doch* (2017).

Eine umfassende Darstellung der Protyposis und ihrer Konsequenzen findet sich in T Görnitz & B Görnitz: *Von der Quantenphysik zum Bewusstsein/Kosmos, Geist und Materie* (Springer 2016).

Thomas Görnitz

Inhaltsverzeichnis

Einleitung 1

▶ • Die tiefgründigste Erklärung muss mit der allereinfachsten Struktur beginnen.
   • Die Grundstrukturen der Quantentheorie sind außerordentlich lebensnah:
     – Beziehungen schaffen Ganzheiten. Ein Ganzes ist oftmals mehr als die Summe seiner Teile.
     – Quantische Ganzheiten können weit ausgedehnt sein, ohne Teile zu besitzen, die erst im Prozess eines Zerlegens entstehen.
     – Nicht nur Fakten, auch Möglichkeiten erzeugen reale Wirkungen (z. B. bei Börsenspekulationen). Möglichkeiten sind ambivalent, als Fakten gedacht würden sie widersprüchlich erscheinen.

Bereits kleine Kinder können ihre Eltern mit Fragen in die Enge treiben. Das vor allem dann, wenn es nicht nur um ein „Wie?", also um eine Beschreibung, sondern wenn es auch um ein „Warum?", also um eine Erklärung geht.

Wissenschaftler sind in der Regel dadurch ausgezeichnet, dass sie sich das Fragen nach dem „Warum?" auch durch die Schule und das spätere Leben nicht abtrainieren lassen.

Eine Erklärung bedeutet, dass ein komplizierter Prozess oder Sachverhalt auf eine einfachere Struktur zurückgeführt und aus ihr heraus erklärt werden kann. Ein „Zurückführen" (Lat. *reducere*) ist somit der Kern jeder naturwissenschaftlichen Theorie. Richtig verstandene Naturwissenschaft ist reduktiv.

Ein „Beschreiben" kann auf jeder beliebigen Komplexitätsstufe einsetzen, ein „Erklären" muss vom Einfachen zum Komplexen führen und damit das Komplexe auf das Einfache zurückführen.

© Springer Fachmedien Wiesbaden GmbH, ein Teil von Springer Nature 2019
T. Görnitz, *Protyposis – eine Einführung*, essentials,
https://doi.org/10.1007/978-3-658-23494-2_1

Die tiefgründigste Erklärung muss mit der allereinfachsten Struktur, der Protyposis, beginnen. Damit startete auch die kosmische Entwicklung. Nach kurzer Zeit bildeten sich aus diesen Quanten-Vorstrukturen neben Photonen und Neutrinos noch Wasserstoff und etwas Helium. Auf dieser Stufe waren chemische und erst recht komplexe biologische Strukturen noch nicht möglich. Sie haben sich später aus den einfacheren herausgeformt.

Für die Naturwissenschaften bedeutet dies, dass sie letztlich auf die Physik und diese – als mathematisch strukturierte Wissenschaft – wiederum auf die mathematisch einfachste mögliche Struktur der Natur zurückgeführt werden müssen.

Eine solche Reduktion muss die mathematischen Grenzübergänge, die sich ergebenden Näherungen und die damit verbundenen Strukturveränderungen verdeutlichen und erklären.

Daher wäre es beispielsweise grundfalsch zu behaupten, Chemie sei „nichts als" Anwendung der Quantenmechanik oder Biologie sei „nichts als" Physik plus Chemie.

Natürlich wurde erst mit der Quantenmechanik eine mathematische Grundlage für ein tatsächliches Erklären chemischer Zusammenhänge möglich. Aber ohne die für die Chemie charakteristischen und eigenständigen mathematischen Näherungen und die speziellen chemischen Begriffe (z. B. Acidität), welche Sachverhalte bezeichnen, für die es in der ursprünglichen Quantenmechanik noch keine Entsprechung gibt, wäre eine Erklärung der chemischen Abläufe nicht möglich.

Ähnlich ist es mit der Biologie. Auch da benötigt man neben den grundsätzlichen physikalischen und chemischen Zusammenhängen einen Blick auf höchst bedeutsame Einzelheiten, die in der Physik oder in der Chemie nicht in den Fokus der Aufmerksamkeit gelangen.

Wie Hans Primas (1928–2014) (1983, S. 312) anmerkt, gilt: „Reductionism can be a sensible thesis only if the laws of physics are combined with history."

Wenn daher die notwendige Reduktion der verschiedenen Naturwissenschaften auf eine letzte Grundlage durchgeführt werden soll und muss, dann ist die Protyposis untrennbar mit der kosmischen Evolution zu verbinden. In dieser bestimmen immer wieder zufällige Fakten die weitere Entwicklung. Bereits vor 30 Jahren habe ich deshalb verdeutlicht, dass die Quantentheorie als diejenige Wissenschaft, welche auf Ganzheit zielt, untrennbar mit der Kosmologie als der Wissenschaft vom Ganzen zu verbinden ist.

Die enorme praktische Bedeutung der Quantentheorie wird nicht zuletzt daran deutlich, dass die heutige Welt mit ihren globalen Beziehungsmöglichkeiten auf einer Technik beruht, welche ohne die Quantentheorie unvorstellbar wäre.

1.1 Was ist das Wesentliche der Quantentheorie?

Da die Entwicklung weit über die Quantenmechanik hinaus auch zur Quantenfeldtheorie und zur Quanteninformation geführt hat, sprechen wir von *Quantentheorie*.

Für uns Menschen gehört es zu den alltäglichen Erfahrungen, dass Beziehungen Ganzheiten kreieren können, die mehr sind als die Summe der Teile, aus den sie aufgebaut oder in die sie zerlegt werden können. Das kann z. B. bei Tieren kaum übersehen werden.

Wir müssen nicht mehr nur an Vorstellungen von isolierten Objekten hängen bleiben, zwischen denen Kräfte wirken – wie bei Sonne und Planeten. Mit einem Bild von Fakten und Objekten beschreibt die klassische Physik die Welt. Von der Quantentheorie wird es ergänzt und präzisiert.

Die Quantentheorie kennt von ihrer mathematischen Struktur her nur Möglichkeiten und weder Fakten noch voneinander getrennte Objekte. Weizsäcker startete mit dem Begriff der „trennbaren Alternative". Das bedeutete bereits ein notwendiges Durchbrechen der mathematischen Struktur der Quantentheorie. In *Quanten sind anders* (1999) spreche ich daher von der *Schichtenstruktur* von klassischer und quantischer Physik. Für eine deutlichere Klarstellung wurde dieser Begriff in *Der kreative Kosmos* (2002) zur *dynamischen Schichtenstruktur* erweitert. Er soll verdeutlichen, dass die grundlegende Struktur der Quantentheorie zu ergänzen ist durch Konzepte aus der klassischen Physik, d. h. durch die Existenz von Fakten und durch die Vorstellung von getrennten Objekten, welche durch Kräfte aufeinander einwirken.

Unser Handeln wird sowohl von den vorliegenden Fakten als auch von den erwarteten Möglichkeiten beeinflusst.

Aus dem Alltag wissen wir, dass wir einem System oder einer künftigen Situation Möglichkeiten zuordnen können, die sich – wenn sie als Handlungen und Fakten gedacht werden – einander widersprechen. Seit der Quantentheorie hat sich dafür auch außerhalb der Physik der Begriff der Komplementarität eingebürgert. Niels Bohr (1885–1962) z. B. sprach von „Liebe", die Vergebung einschließt, und „Gerechtigkeit", die Vergebung ausschließt. Gegenüber einem totalitären Staat widersprechen sich „Aufrichtigkeit" und „Klugheit". (Das gelegentlich für Komplementarität verwendete Bild von Wappen und Zahl einer Münze kann irreführende Vorstellungen erzeugen, da sie beide zugleich schon faktisch existieren.) Mit dem Begriff der Komplementarität soll auch erfasst werden, dass die Konzentration auf einen Aspekt der Wirklichkeit zumeist zur Folge hat, dass die dazu komplementären leicht aus dem Blickfeld geraten und einer Beschreibung entzogen sind.

Bereits der griechische Philosoph Zenon (490–430 v. Chr.) hatte darauf verwiesen, dass die Konzeptionen von Ort und Geschwindigkeit sich gegenseitig ausschließen. Die Physik hatte dann lange ignoriert, dass der Ort idealerweise einen Punkt meint, eine Geschwindigkeit jedoch als Strecke pro Zeit definiert ist. Lange hat man dann mit der Vorstellung gearbeitet, man könne sich eine so kleine Strecke denken, dass sie von einem Punkt nicht zu unterscheiden sei.

Die Genauigkeit der Quantentheorie lässt solch schlampiges Denken nicht mehr zu und zeigt, dass sich für einfache physikalische Größen die Komplementarität mathematisch mit der Heisenbergschen Unbestimmtheitsrelation fassen lässt.

Ein anderer Aspekt ist weniger anschaulich. Alles, was wir sehen, nimmt im Raum ein Volumen ein, hat also eine Ausdehnung. Die antike Vorstellung über Atome behauptet, dass es einfacher wird, wenn es in kleinere, am besten in „punktförmige" Teile zerlegt wird.

Natürlich haben Punkte keine Teile. Aber die Quantentheorie zeigt, dass es auch ausgedehnte Ganzheiten geben kann, welche nicht einmal gedanklich als Ansammlung von Teilen beschrieben werden dürfen. Sonst würde die Beschreibung schlechter. Sie müssen also als „teilelos" vorgestellt werden. Dies bereitet manchen Physikern bis heute große Schwierigkeiten, weil man meint, „teilelos" nur für „Punkte" denken zu können.

Die Quantentheorie wurde zu einer genaueren Beschreibung der Natur und der Entwicklungen in ihr, weil sie u. a. den Beziehungscharakter der Realität berücksichtigt. So bilden wechselwirkende Quantenobjekte kohärente Zustände, sie formen ausgedehnte und trotzdem teilelose Ganzheiten. Diese sind für das Verstehen der Einstein-Podolsky-Rosen-Experimente bedeutsam. Ausgedehntheit hat z. B. den Tunneleffekt zur Folge.

Quantenobjekte zeigen unterschiedliches Verhalten, je nach dem, welchem Kontext sie ausgesetzt sind. Z. B. können sie – abhängig von den aktuellen Möglichkeiten – wellenartiges oder teilchenartiges Verhalten zeigen. Möglichkeiten können schon in der unbelebten Natur reale Wirkungen hervorrufen.

Diese verstehbaren Einsichten über die Quantentheorie wurden allerdings erst spät formulierbar. Vielfach heißt es stattdessen oft bis heute, sie sei unverstehbar oder gar absurd.

Gab es auch früher Widerstand gegen neues Denken?

Umschwünge in der Geschichte der Naturwissenschaft

▶
- Neues kann bedeuten: Zu sehen, was viele sehen, und daran zu erkennen, was keiner erkannt hat.
- Eine Erklärung ist umso besser, je weniger Unerklärtes sie postulieren muss (Occam's razor).

Die großen Umschwünge in den Wissenschaften bestehen oft darin, dass etwas, das alle sehen, in einen Sinnzusammenhang gestellt wird, der bisher von niemandem so gesehen wurde.

Im 16. Jahrhundert kannten gewiss alle Astronomen die Kegelschnitte: Kreis, Ellipse, Parabel und Hyperbel. Und ebenso kannten sie alle die Bahnen der Planeten an der Himmelskugel. Darüber hinaus „wussten" alle ebenfalls, dass sämtliche Himmelskörper sich auf *Kreisbahnen* bewegen.

Auch Kopernikus (1473–1543) und Galilei (1564–1642) waren davon felsenfest überzeugt. Auch bei ihnen waren es Kreisbahnen, allerdings um die Sonne.

Dass ein einzelner Kreis – sei es um die Erde oder um die Sonne – die Bahn eines Planeten nicht gut genug beschrieb, war kein großes Problem. Wenn man für jede Bahn einige Kreise mehr einführte – damals Epizykel, heute Parameter genannt – dann ließ sich die Beschreibung gut an die Beobachtungen anpassen.

Dennoch gab es bei den Wissenschaftlern ein wohl eher unbewusstes Gefühl, dass eine wirklich durchgreifende Idee notwendig sei.

Tycho Brahe (1546–1601) war der beste Astronom seiner Zeit. Er sah, dass die Beschreibung des Kopernikus nicht besser zu den Beobachtungen passte als die bisherige mit Ptolemäus (ca. 100–160). So kreierte er ein Modell, das man scherzhaft als „String-Theorie des 16. Jahrhunderts" bezeichnen könnte. Kompliziert – und ausschließlich mit Kreisen – konnte damit sogar erklärt werden, weshalb Merkur und Venus immer nur in Sonnennähe zu finden sind (weil beide

© Springer Fachmedien Wiesbaden GmbH, ein Teil von Springer Nature 2019
T. Görnitz, *Protyposis – eine Einführung*, essentials,
https://doi.org/10.1007/978-3-658-23494-2_2

um diese kreisen), ohne deswegen eine – damals wenig plausibel erscheinende – Bewegung der Erde zu postulieren. (Diese verblieb bei Brahe im Mittelpunkt des Kosmos.)

Johannes Kepler (1571–1630) hatte den Mut, dasjenige, was die übrigen Gelehrten auch kannten, in einen Sinnzusammenhang zu setzen, welchen zu erkennen sich kein anderer getraute. Er befreite sich vom Dogma der „Kreise" und gelangte zu einer Beschreibung der Planetenbewegungen auf Ellipsen um die Sonne. Das war nicht nur besser als alles Vorherige, sondern kam auch ohne die vielen freien Parameter aus.

Können die damaligen Vorgänge eine Analogie zur Gegenwart anbieten?

Betrachten wir zuerst die Quantentheorie.

Die Entwicklung der Quantentheorie 3

▶ • Quantentheorie als Theorie der Möglichkeiten erfordert, die wirkenden Möglichkeiten nicht mit unbekannten Fakten zu verwechseln.
 • Die Quantenfelder sind komplizierter als die Quantenteilchen der Quantenmechanik. Quantenteilchen sind komplizierter als Quantenbits.
 • Die Quantenbits sind die mathematisch einfachsten Strukturen der Physik.
 • An den Schwarzen Löchern haben Bekenstein und Hawking den Weg für eine Einbindung der Information in die Physik geebnet.
 • Mit der Erweiterung dieser Idee auf die Kosmologie wurden absolute Bits von Quanteninformation, AQIs, definierbar.

Gefunden wurde die Quantentheorie, als Max Planck (1858–1947) das Entstehen des Lichtes physikalisch erfassen wollte. Die auf Basis der klassischen Physik gefertigten Geräte waren nun so gut, dass Differenzen zur bisherigen Theorie nicht mehr ignoriert werden konnten.

Wie vielfach in der Geschichte erzeugte der notwendige Paradigmenwechsel große Widerstände von den Kollegen.

In seiner wissenschaftlichen Selbstbiografie schreibt Planck:

> Es gehört mit zu den schmerzlichsten Erfahrungen … meines wissenschaftlichen Lebens, daß es mir … niemals gelungen ist, eine neue Behauptung, für deren Richtigkeit ich einen vollkommen zwingenden, aber nur theoretischen Beweis erbringen konnte, zur allgemeinen Anerkennung zu bringen (2001, S. 52).

© Springer Fachmedien Wiesbaden GmbH, ein Teil von Springer Nature 2019
T. Görnitz, *Protyposis – eine Einführung*, essentials,
https://doi.org/10.1007/978-3-658-23494-2_3

Der mit Max Planck und Albert Einstein (1879–1955) vor über 100 Jahren eröffnete Paradigmenwechsel führte zu Werner Heisenbergs (1901–1976) und Erwin Schrödingers (1887–1961) Quantenmechanik.

Die Quantenmechanik ist eine Theorie von stabilen Quantenteilchen, von Elektronen, Protonen und Atomkernen. Andere Quantenteilchen, z. B. Lichtquanten (Photonen), werden in ihr nicht behandelt.

Die Entwicklung ging weiter zur Quantenfeldtheorie. In dieser können Teilchen erzeugt und vernichtet werden. So können z. B. ein Elektron und ein Positron „vernichtet" und dabei ein Photonen-Paar „erzeugt" werden. Umgekehrt kann ein sehr energiereiches Photon bei einem Vorbeiflug an einem Atomkern in ein Elektron-Positron-Paar umgewandelt werden. Diese Umwandlungen geschehen zwischen Bewegung und Materie. Dies ist der Kern der Speziellen Relativitätstheorie, welche somit in Quantenfeldtheorien mit der Quantenmechanik verbunden wird.

Die Objekte der Quantenmechanik, die Quantenteilchen, können als Eigenschaften von Quantenfeldern verstanden werden.

Richard Feynman (1918–1988) trug wesentlich dazu bei, dass die Quantenfeldtheorien die mächtigsten Werkzeuge wurden, um komplizierte physikalische Probleme zu lösen.

Spätestens mit der Quantenfeldtheorie wurde deutlich, dass die Quantentheorie eine Theorie der Möglichkeiten ist, denn neben den realen Teilchen gibt es „virtuelle" Teilchen.

Virtuelle Teilchen existieren lediglich der Möglichkeit nach, dennoch erzeugen sie reale Wirkungen. So, wie Möglichkeiten unser Handeln beeinflussen, beeinflussen auch Möglichkeiten die von der Physik beschriebenen Abläufe. Virtuelle Teilchen-Antiteilchen-Paare erzeugen reale Effekte. Bei Zufuhr von Energie können sie real werden.

In der klassischen Physik bedeuten Möglichkeiten ein Unwissen über im Prinzip feststehende Fakten. Das trifft keinesfalls auf die Möglichkeiten zu, von denen die Quantentheorie handelt. Sie dürfen daher auch nicht wie Fakten rechnerisch behandelt werden. Die Quantentheorie rechnet mit „komplexen Zahlen", einer Kombination von reellen und „imaginären" Zahlen. Als Interpretation bietet sich an, die wirksam werdenden Möglichkeiten mit den imaginären und nicht mit den reellen Zahlen zu erfassen, da diese für die Fakten zuständig sind.

Eine wachsende Bedeutung der Methoden der Quantenfeldtheorien liegt bei den Molekülen, den Flüssigkeiten und den festen Körpern. Diese Theorien erlauben es, mögliche – also virtuelle – Teilchen in den verschiedensten Kombinationen zu behandeln. Solche virtuellen Quantenobjekte, z. B. Phononen, Schallquanten, die innerhalb ihres materiellen Existenzbereiches wie reale Teilchen wirken können, haben die Fundamente für all die Technik gelegt, die vor wenigen Jahrzehnten noch undenkbar war. Erst damit konnten die Theorien entwickelt werden, auf deren Grundlage die moderne Elektronik mit Computern, Handys, Flachbildschirmen usw. entwickelt werden konnte.

Ein Quantenfeld kann verstanden werden als unbegrenzte Anzahl von Quantenteilchen. So ist zu verstehen, dass Quantenfeldtheorien wesentlich komplexere Strukturen beschreiben als die Quantenmechanik. Der Weg von der Quantenmechanik zu den Quantenfeldtheorien ist also keine Reduktion auf einfachere Strukturen, sondern er führt zu etwas sehr viel Komplexerem.

Die Quantenfeldtheorien von elektromagnetischer, schwacher und starker Wechselwirkung sind sehr komplizierte mathematische Strukturen. Sie erfassen die extrem komplexen Experimente der Physik bis zu den höchsten erreichten Energien recht gut.

Mit immer höheren Energien werden immer kleinere Teilchen erzeugt. Diese werden immer komplexer und zerplatzen – wie z. B. das Higgs-Teilchen – in immer kürzeren Bruchteilen des billionsten Teils einer milliardstel Sekunde.

Relativistische Quantenfeldtheorien rechnen im Minkowski-Raum. Dessen mathematische Struktur, das Kontinuum, kennt keine kleinste Länge. Das führt dazu, dass das physikalisch unzutreffende Bild der Punktteilchen verwendet werden kann. Die mathematische Definition von „Teilchen" verbindet sie mit *irreduziblen Darstellungen der Poincaré-Gruppe* – und die beschreiben Punktteilchen.

Wenn mit den sehr hohen Energien die Wellenlänge (bei Photonen) bzw. die Comptonwellenlänge (bei Materie) so klein wird, dass man in den betreffenden Objekten keine weiteren Strukturen differenzieren kann, so lange erzeugt die Vorstellung von „Punktteilchen" keine erkennbaren Fehler. Aber natürlich endet diese Idealisierung mit der Planck-Länge, die klein, aber niemals ein Punkt ist. Wirksam werdende Kleinheit ist experimentell an eine immer größere Energie gebunden.

3.1 Das Dogma der „kleinsten Teilchen"

Das Dogma der „Kreisbahnen" spielt keine Rolle mehr. Das neue Dogma konstatiert: Der Weg zu den einfachen Strukturen – so die Meinung – führt zu immer kleineren Teilchen (Abb. 3.1).

Für diese aus dem Altertum stammende Idee sprachen große naturwissenschaftliche Erfolge. Jedoch hatten für lange Zeit die meisten Physiker massive Einwände gegen die in der Chemie sehr erfolgreiche Vorstellung von Atomen.

Einsteins bahnbrechende Arbeit über die Brownsche Bewegung verdeutlichte, dass man am Atombegriff auch in der Physik nicht mehr vorbei konnte.

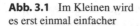

Abb. 3.1 Im Kleinen wird
es erst einmal einfacher

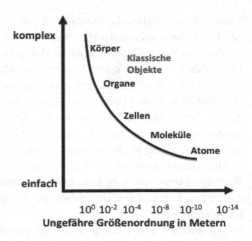

Nach der Entdeckung des Neutrons zeigte es sich, dass die 92 in der Natur zu findenden Elemente des Periodensystems erklärt werden konnten. (Mit den künstlichen Elementen sind es heute 118.) Atome sind zerlegbar obwohl ihr Name „unteilbar" bedeutet. Sie bestehen aus einer Hülle von Elektronen und dem Kern, der in Protonen und Neutronen zerlegt werden kann. Drei Teilchen sind in der Tat viel einfacher als 92.

Später entdeckte man bei Protonen und Neutronen eine innere Struktur, die sich bei Stoßexperimenten mit sehr hohen Energien äußert – als ob sie aus noch kleineren Teilchen bestehen würden. Ein Name dafür war bald gefunden: Quarks und Gluonen. Alle Versuche, diese „Teilchen" herzustellen – wenigstens für winzigste Augenblicke – blieben erfolglos.

Dass die Theorien immer komplizierter wurden und immer mehr freie Parameter benötigten, lieferte bisher kaum einen Anlass, die „Teilchen" und die aus ihnen aufgebauten Quantenfelder als „einfachste Strukturen" zu hinterfragen.

Vom Licht wissen wir, dass Photonen mit kurzen Wellenlängen energiereicher sind als langwellige. Die kurzwellige UV-Strahlung macht Sonnenbrand, das langwellige rote Licht nicht. Die Beziehung zur Wellenlänge gilt analog auch für materielle Quanten. Bereits Plancks Erkenntnis war, dass für alle Quanten gilt: Je energiereicher, desto kleiner.

Es gibt jedoch keinen ersichtlichen Grund, weshalb „mehr Energie" zugleich auch „einfachere Struktur" bedeuten sollte.

Das Dogma der „kleinsten Teilchen" wurde mit der „String-Theorie" auf die Spitze getrieben. Für die winzigen Strings ist man sogar bereit, die Realität der

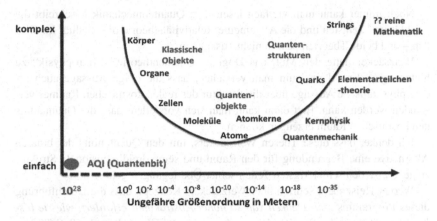

Abb. 3.2 Die Quantentheorie zeigt, dass ein Vordringen in immer kleinere Raumbereiche als die Atome zu immer komplizierteren Strukturen führt. Die Vorstellung „kleinster elementarer Teilchen" schlägt mit der Quantentheorie in ihr Gegenteil um!

vierdimensionalen Raumzeit aufzugeben. Dass die String-Theorie eine höchst interessante Mathematik darstellt, dass sie eine bedeutsame Form einer Funktionentheorie mehrerer komplexer Variabler ist, darüber gibt es wohl keinen Dissens. Dass jedoch die Raumzeit „in Wirklichkeit" elf Dimensionen haben soll, von denen wir lediglich vier wahrnehmen können, das dürfte wahrscheinlich jenseits dessen liegen, was man ohne weitere schwerwiegende Gründe würde glauben wollen (Abb. 3.2).

3.2 Quantenbits statt Teilchen

Der Weg ins Kleine führt zu den Quantenfeldtheorien, also *ins Komplizierte*.

Wie gelangt man zum Einfachen?

Es begann in den1950er Jahren mit C. F. v. Weizsäckers Überlegungen zur Ur-Theorie (1955, 1958, 1972). Mit ihr postulierte Weizsäcker, dass man alle wissenschaftlichen Aussagen auf eine Abfolge binärer Alternativen zurückführen kann. Das soll nicht nur als eine erkenntnistheoretische, sondern auch als eine ontologische Aussage verstanden werden und sich auf die fundamentale Struktur des Seienden beziehen. Die Ur-Theorie hatte das Ziel, die Vielfalt der physikalisch beschreibbaren Realität auf Quantenbits, die Ur-Alternativen, zurückzuführen.

Noch immer kann man vielfach lesen: Die Quantenmechanik beschreibt die Realität im Kleinsten und die Allgemeine Relativitätstheorie die Realität im Großen – und beide Theorien passen nicht zusammen. Weizsäcker hatte den Mut, das Dogma „Quantentheorie = Mikrophysik" zu hinterfragen. Erst dann kann man verstehen, dass die obige Aussage auch als eine physikalische Aussage über die Struktur des realen kosmischen Raumes verstanden werden kann. Erst dann kann man sich vorstellen, dass die Quantenbits den kosmischen Raum erzeugen können.

Ich denke, dass diese Thesen Weizsäckers, mit den Quantenbits der binären Alternative eine Begründung für den Raum und seine dreidimensionale Struktur zu geben, zu den schwierigsten Teilen seiner Überlegungen gehören.

Werner Heisenberg schrieb über Weizsäckers Konzept, dass die Durchführung dieses Programms *„ein Denken von so hoher Abstraktheit erfordert, wie sie bisher, wenigstens in der Physik, nie vorgekommen ist."* (Heisenberg 1969, S. 332).

Weizsäcker hatte eine Abschätzung vorgelegt, mit welchen Größenordnungen man wohl zu rechnen habe (1972). Obwohl seine klassische Zerlegung des Kosmos in kleine Kästchen quantenphysikalisch nicht recht nachvollziehbar war, traf sie – wie sich später zeigte – genialerweise diese Größenordnung recht gut.

Die Widerstände gegen die Schlussfolgerungen aus Weizsäckers Ur-Theorie waren ungeheuer. Seinem Vorschlag „ein Proton sind 10^{40} Ure" wurde z. T. mit beißender Kritik begegnet. Eine solche Zahl lag weit jenseits des Vorstellungsvermögens dieser Kritiker.

3.3   C. F. v. Weizsäcker und das „It from bit"

Für die Befassung mit dem Informationsbegriff im Rahmen der Quantentheorie ist im englischsprachigen Raum folgendes Zitat typisch:

> Dass der Informationsbegriff für das Verstehen der Quantenrealität grundlegend ist, erkannte als erster John Wheeler, der Vater der Quantengravitation. Um diese Idee auszudrücken prägte er den Slogan „It from bit" (Rovelli 2016, S. 273).

Seit 1974 fanden in einem Rhythmus von zwei Jahren am Starnberger See internationale Konferenzen statt, die sich mit den physikalischen und philosophischen Folgerungen befassten, die sich aus der Rolle des Informationsbegriffes für das Verstehen der Quantenrealität ergeben.

Im Jahre 1980 hatte Weizsäcker auch John A. Wheeler (1911–2008) zur 4. Tagung über die Ur-Theorie und ihre Konsequenzen eingeladen. Wheeler sprach dort (in Bezug auf *Alice im Wunderland*) über *The Elementary Quantum Act as Higgledy-Piggledy Building Mechanism*. (1981) Zehn Jahre später, also 1990, hielt Wheeler dann einen Vortrag mit dem bis heute sehr werbewirksamen Titel „*It from Bit*". Allerdings gab es dabei keinen Bezug zu den vorhandenen Forschungen von Weizsäcker und dessen Mitarbeitern.

3.4   Die Schwarzen Löcher öffneten den Weg von Weizsäckers Philosophie zur Physik

Weizsäckers These: „*Materie ist Form. Bewegung ist Form. Masse ist Information. Energie ist Information.*" (1972, S. 361) begeisterte mich. Ich habe mich in meinen späteren Forschungen für diese Idee eingesetzt und im fundamentalen Verstehen der Physik den Schwerpunkt meiner wissenschaftlichen Arbeit gesehen.

Würden sich Modelle entwickeln und Formeln finden lassen, sodass Quanteninformation tatsächlich als Grundlage des Physikalischen gedacht werden könnte?

Wie konnten Weizsäckers Ansatz und seine Zahlen, welche die damaligen Vorstellungen weit überstiegen, mit der existierenden theoretischen Physik verbunden werden?

In den 1970er Jahren wurde durch Arbeiten von Jacob Bekenstein (1947–2015) (1973) und Stephen Hawking (1942–2018) (1975) zur Entropie der Schwarzen Löcher deutlich, dass quantentheoretische Zusammenhänge sogar für solche großen Objekte bedeutsam sind. Auch das steht im Gegensatz zu der verbreiteten Auffassung, Quantentheorie sei auf den Bereich der Mikrophysik beschränkt.

Ein Schwarzes Loch hat einen Horizont. Dieser verhindert jegliche Information über den Zustand im Inneren. Entropie ist ein Maß für die Menge von unbekannter Information. Diese unzugängliche Information, die Entropie, übertraf bei den Schwarzen Löchern alles bisher Bekannte um sehr viele Größenordnungen.

Bei vielen der damals tonangebenden Physiker gab es massive Vorbehalte gegen die Idee der Schwarzen Löcher. Auch der Physik-Nobelpreisträger Hans Bethe (1906–2005) und beeinflusst von ihm auch Weizsäcker glaubten nicht an die astrophysikalische Existenz solcher Objekte. Vielleicht lag es mit daran, dass eine bruchlose Anwendung der Allgemeinen Relativitätstheorie (ARTh) zu einem physikalisch vollkommen absurden Resultat führt. Danach müsste der gesamte materielle Inhalt eines Schwarzen Loches in seinem Zentrum, in einem mathematischen Punkt, verschwinden.

Mit einer Erweiterung der Überlegungen von Bekenstein und Hawking zur Entropie der Schwarzen Löcher auf die gesamte Kosmologie (Görnitz 1988, 1989) konnte gezeigt werden, dass damit ein Anschluss der Weizsäckerschen Überlegungen an eine Quantenkosmologie und damit an die heute etablierte Physik erfolgt.

Damit ergab sich die Äquivalenz der Quantenbits zu Energie und Masse.

Die Wirkung eines einzelnen Quantenbits entspricht dem Planckschen Wirkungsquantum h. Diese Wirkung, geteilt durch das Weltalter, ist gleich der Energie, die dem Quantenbit zuzuordnen ist. Da das Wirkungsquantum eine fundamentale Naturkonstante ist, folgt, dass die Energie eines AQIs mit dem wachsenden Weltalter kleiner wird. Das passt auch zu dem Bild, ein AQI als Grundschwingung zu veranschaulichen. Deren Wellenlänge nimmt mit wachsendem Weltradius zu und damit wird die zugeordnete Energie kleiner.

Bereits die damaligen Berechnungen zur Ur-Theorie passten auch gut zu Ergebnissen, wie sie z. B. von Roger Penrose (1989) für die gegenwärtige Gesamtentropie des Kosmos formuliert wurden.

Die absurden theoretischen Aussagen über das Verhalten der Materie im Inneren der Schwarzen Löcher konnten beseitigt werden (Görnitz und Ruhnau 1989).

Weitere Gründe, die Ur-Theorie in Richtung der etablierten Physik zu entwickeln, betrafen Weizsäckers Verständnis der „Information".

Für eine deutliche Abgrenzung vom Alltagsbegriff der „Information" mit seiner fast unvermeidlichen Überlappung zu „Bedeutung" wurde es notwendig, einen neuen Begriff einzuführen: *Protyposis.*

Was ist die Protyposis?

4

▶ • Die Protyposis bezeichnet die einfachste und damit auch die grundlegende Struktur, mit der die naturwissenschaftliche Realität erklärt werden kann.
- Eine Vorstellung für diese abstrakteste aller denkbaren Strukturen ist die eines absolut definierten und bedeutungsfreien und damit für Bedeutung offenen Bits von Quanteninformation: AQI.
- Damit wird das AQI zu einer physikalischen Größe.
- Eine mögliche Veranschaulichung eines AQIs ist die einer *Grundschwingung des kosmischen Raumes*.
- Die Mathematik der Quantentheorie zeigt, dass aus den AQIs die Zustandsräume aller Systeme konstruiert werden können, welche die Physik beschreiben kann.

Die breite Straße zu immer kleineren Teilchen und damit zu immer höheren Energien führt gerade nicht ins Einfache. Daher musste gemäß der Quantentheorie der entgegengesetzte Weg eingeschlagen werden.

Ein *Absolutes bedeutungsoffenes Bit von Quanten*Information – AQI – ist eine extrem abstrakte Entität und das Einfachste, was naturwissenschaftlich gedacht werden kann.

Die AQIs sind etwas Dynamisches. AQIs kreieren den kosmischen Raum. Ihre wachsende Anzahl lässt den Raum expandieren und liefert ein Maß für die Zeit (Görnitz 1988b).

Wie ist das zu verstehen?

Jeder beliebige Zustand eines AQIs lässt sich durch eine Schwingung darstellen, welche über den gesamten Raum ausgebreitet ist. Sie unterscheiden sich darin, an welchem Punkt sie ein Maximum haben. Die möglichen Zustände entsprechen somit den möglichen Punkten im Raum.

© Springer Fachmedien Wiesbaden GmbH, ein Teil von Springer Nature 2019
T. Görnitz, *Protyposis – eine Einführung*, essentials,
https://doi.org/10.1007/978-3-658-23494-2_4

Dies verführt leicht zur Annahme, dass damit bereits die Raumstruktur erklärt sei. Allerdings ist zu bedenken, dass ein Punkt die Ausdehnung null besitzt. Somit ist jedes Verhältnis zu jeder beliebigen anderen Größe immer nur null und bleibt null. Abstände bedeuten jedoch, dass man fähig sein muss, verschiedene Längen zueinander ins Verhältnis zu setzen. Mit der Länge null geht das überhaupt nicht.

Um – wie die Mathematiker sagen – eine Raumzeit-Metrik einführen zu können, muss man auf eine der Grundlagen der Gruppentheorie, die Darstellungstheorie, zurückgreifen.

Nicht nur aus Detektivromanen wissen wir, dass wenig Information nur eine geringe, jedoch viel Information eine scharfe Lokalisierung eines Objektes ermöglichen kann. Ebenso ermöglicht erst viel Quanteninformation eine scharfe Lokalisierung auch im Kosmos. Hingegen wird der geringsten Information die größte Ausdehnung entsprechen. Die Mathematik zeigt, ein einziges AQI ist das Ausgedehnteste, so etwas wie eine Grundschwingung des Raumes.

Für die weiteren Überlegungen kommt die Beziehungsstruktur der Quantentheorie zum Tragen. Sie kombiniert Teile, „A und B", indem die Zustände multiplikativ zu Ganzheiten zusammengefasst werden: „A · B". Geht es um Möglichkeiten, „A oder B", dann werden die Zustände additiv zusammengefügt: „A + B".

Eine Grundschwingung eines dreidimensionalen geschlossenen Raumes ist unanschaulich. Anschaulicher wird es für einen geschlossenen eindimensionalen Raum – für eine Kreislinie. Auf dieser erscheint eine solche Schwingung wie ein Sinus (Abb. 4.1).

Die Kurve mit dem doppelten Pik kennt man in der Physik als „Schrödingers Kätzchen" (Görnitz 2017). Das Gebilde kann mit gleicher Wahrscheinlichkeit an zwei Orten gefunden werden, nicht jedoch im Raum dazwischen.

Je mehr dieser AQIs sich in multiplikativer (quantischer) und additiver (klassischer) Resonanz zusammenfinden, desto kleinere und damit energie- bzw. ruhemassereichere Teilchen werden sich bilden können. Wenn die Basis der Quantenphysik als eine Informations-Struktur verstanden wird, löst sich das begriffliche Problem „viel wird klein" auf. Denn viel Information ermöglicht scharfe Lokalisierung – und dass *viel Information zu komplexen Strukturen* führen kann, das ist plausibel.

Die Lokalisierung an einer Stelle ermöglicht Abstände zu Lokalisierungen an anderen Stellen.

Mit den Schwingungen wird auch erkennbar, wie der Zusammenhang zwischen den einzelnen Punkten des Raumes und den möglichen Zuständen eines einzigen AQIs zu verstehen ist. In unserem Bild können wir das Maximum einer Sinus-Kurve über jeden einzelnen Punkt der Kreislinie schieben und damit den gesamten Kurvenverlauf festlegen. Auch bei einem AQI entspricht jedem *möglichen* Zustand genau ein Punkt des kosmischen Raumes.

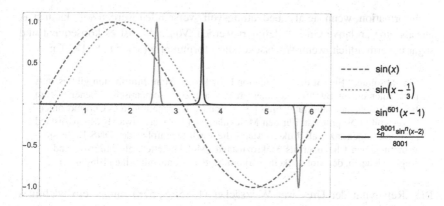

Abb. 4.1 Ein AQI wird als Grundschwingung (hier eines eindimensionalen geschlossenen Raumes) veranschaulicht (gestrichelte Kurve). Der Sinus teilt die aufgeschnittene Kreislinie in zwei Hälften. Das Maximum des Sinus kann über jeden der Punkte des Kreises (hier bei $\pi/2 + {}^1\!/_3$) verschoben werden (gepunktete Kurve). Sehr oft mit sich selbst multipliziert werden aus dem Sinus sehr scharf lokalisierte Kurven (die zwei roten Spitzen). Lässt man verschiedene Potenzen zu und bildet die Summe ($\sum$) darüber, dann kann ein Quantenobjekt entstehen, welches man als ein in einem kleinem Raumbereich lokalisiertes „Teilchen" (schwarzer Pik) bezeichnen kann – so wie die realen Quantenteilchen. Erst mit unendlich vielen AQIs, die es real nicht gibt, würden „Punktteilchen" (mit Ausdehnung null) gebildet werden können

Um jedoch Abstände definieren zu können ist der Übergang von den Punkten zu einer kleinsten Schwingung notwendig. Deren Ausdehnung dient dann als Längeneinheit.

Die mathematischen Überlegungen (Görnitz 1988a, b), hier nur sehr kurz skizziert, ermöglichten die Einführung einer Metrik im Raum und damit das für alle Physik notwendige Messen von Abständen.

Weshalb war die Protyposis von Weizsäckers Verwendung des Informationsbegriffes und damit auch von seinem Begriff des „Urs" zu unterscheiden?

In vielen Veranstaltungen zeigt sich, dass in der öffentlichen Wahrnehmung Weizsäckers Begriff von „Information" und damit in diesem Zusammenhang auch die Vorstellungen über das „Ur" untrennbar mit den üblichen Vorstellungen von Information als „Bedeutung" verbunden wird.

In Weizsäckers Darstellungen lassen sich reichlich Anlässe dafür finden: *„Information ist nur, was verstanden wird."* (1985, S. 200).

Wenn etwas verstanden wird, dann hat es Bedeutung.

Information, wenn sie als „bedeutungsvoll" verstanden werden soll, kann stets nur als eine „relative Größe" definiert werden. Von daher ist es konsequent und sogar unvermeidlich, wenn Weizsäcker dazu formulierte (a. a. O., S. 172 f.):

Ein „absoluter" Begriff der Information hätte keinen Sinn; Information gibt es stets nur „unter einem Begriff", genauer „relativ auf zwei semantische Ebenen". Zum Beispiel ist es nicht absolut definiert, wie groß die Information eines Chromosomensatzes von Drosophila ist. Für den Molekulargenetiker wäre etwa als Makrozustand „Chromosomensatz", als Mikrozustand die Buchstabenfolge der DNS-Kette sinnvoll; für einen Chemiker als Makrozustand „Molekülkette", als Mikrozustand die Angabe jedes in der Molekülkette vorkommenden Atoms mit seinen Bindungen.

Die „Relativität der Ure" war Weizsäcker (1985, S. 578) immer ein wichtiges Anliegen:

Die Definition des Urs hängt damit an den verfügbaren und benutzten Apparaten. Dies wird deutlich in der Relativität der Ure. Die Definition des Urs ist auf Ort, Zeit und Bewegungszustand des Meßapparats (Beobachters) bezogen. Information ist nur, was verstanden wird. So hängt die Auswahl der Grundeinheit der Information, eben des Urs, von den verfügbaren Mitteln des Verstehens ab.

Im Blick auf die Idee einer absoluten – und deswegen bedeutungsfreien – Information gingen Weizsäckers und meine Vorstellungen grundsätzlich auseinander.

Die jahrzehntelange intensive Zusammenarbeit mit Weizsäcker war zu einer engen freundschaftlichen Beziehung geworden. Er betonte oftmals, wie sehr er meine mathematischen Fähigkeiten schätzte. Für ihn hatte trotz seines vielseitigen öffentlichen Wirkens das Erforschen der Grundlagen der Physik und damit der Natur die absolute Priorität (Weizsäcker 1981, S. 196). Ich profitierte viel von seinen philosophischen Kenntnissen und seiner reflektierten Lebenserfahrung. Für die meisten Ergebnisse der modernen Forschungen war er offen, von der Existenz der Schwarzen Löcher konnte ich ihn nicht überzeugen. Das wird auch in seinen Büchern deutlich. Die einzige Stelle, an der sie erwähnt werden, ist dort, wo er meine diesbezüglichen Arbeiten zitiert.

Solange man bei der relativen Information verbleibt ist kein Weiterkommen möglich. Erst wenn man sich erarbeitet, wie Information zu einer absoluten Größe wird, kann „Masse und Energie ist Information" zu einer naturwissenschaftlichen Aussage werden.

Die Bedeutung von „absoluter Größe" kann an der Temperatur deutlich gemacht werden. So lange ein Nullpunkt willkürlich gewählt wird (0 °C, wenn Wasser gefriert oder 0 °F, das Kälteste, was Herr Fahrenheit in Danzig erlebte) bleibt das Wesen der Temperatur unverstehbar. Erst mit dem „absoluten Nullpunkt" kann sie als interne Bewegung von Atomen in einer Struktur erklärt werden.

Der Weg, der auch die Quantenbits zu einer absoluten Größe werden ließ, war – wie gesagt – mit der Entropie der Schwarzen Löcher verbunden. Die Erweiterung der Entropie der Schwarzen Löcher auf die Kosmologie kann eine „universelle Ebene" definieren. Mit diesem Zugang wurde Information zu einer absoluten Größe in unserem Universum, mit der außer ihrer bloßen Existenz weder explizit noch implizit eine weitergehende Bedeutung verbunden sein kann.

Da – wie erwähnt – der Begriff „Information" zumeist mit „Bedeutung" verbunden wird, war ein Begriff wie derjenige der Protyposis notwendig, um eine solche Verwechslung zu vermeiden. Außerdem erleichtert er, den Blick auf den ontologischen Aspekt der AQIs zu richten, auf ihren Substanzcharakter. Sie ist ein „etwas", das u. a. als Schwingung veranschaulicht werden kann, und ist nicht die Schwingung „von etwas anderem".

Berechnungen mit aktuellen kosmologischen Daten ergeben: die Wirklichkeit sind jetzt 10^{123} AQIs. Auch Penrose (1991, S. 335) erhält aus Überlegungen zu den Freiheitsgraden einer Quantenkosmologie einen solchen Wert.

Im nächsten Kapitel wird gezeigt, wie sich mit späteren mathematisch-physikalischen Überlegungen die Allgemeine Relativitätstheorie und die Entropie der Schwarzen Löcher mit der Protyposis begründen ließ.

Physikalische Resultate 5

▶ • Das *Sein* existiert gemäß der Protyposis nur in der Form des *Werdens*. Somit kann das *Sein* als die *Momentaufnahme*, als die *Abstraktion des Werdens von der Zeit* verstanden werden.
  • Mit der Protyposis und drei bewährten Gesetzen folgt ohne Verwendung der Allgemeinen Relativitätstheorie (ARTh) eine Kosmologie, welche die Beobachtungen gut beschreibt und für die keine fiktiven Größen postuliert werden müssen.
  • Aus dieser Quanten-Kosmologie kann man Einsteins ARTh ableiten.
  • Mit der Protyposis wurde gezeigt, dass Masse und Energie als spezielle Formen einer absoluten Quanteninformation erklärt werden können.
  • Die Protyposis ermöglichte es zu begründen, weshalb es die drei fundamentalen Quanten-Wechselwirkungen gibt: die elektromagnetische, die schwache und die starke.

Weizsäcker hatte aus seiner Ur-Hypothese einen dreidimensionalen geschlossenen Raum abgeleitet. Dieser Raum war statisch. Für das Beschreiben der Expansion des Kosmos und für eine Anbindung an die Physik, nämlich ans Messen, fehlte eine Metrik, um zeitliche und räumliche Abstände definieren zu können (Weizsäcker 1985, S. 399).

5.1 Ein Modell der kosmischen Evolution

In Abb. 4.1 wurden die Grundschwingungen des Raumes, die AQIs, mit dem Sinus verglichen. Er soll Aufenthaltswahrscheinlichkeiten charakterisieren und ist fast überall deutlich von Null verschieden. Die analoge Aussage gilt auch für die AQIs. Je mehr von diesen Schwingungen quantenphysikalisch, also multiplikativ,

© Springer Fachmedien Wiesbaden GmbH, ein Teil von Springer Nature 2019
T. Görnitz, *Protyposis – eine Einführung*, essentials,
https://doi.org/10.1007/978-3-658-23494-2_5

kombiniert werden, desto kleinere Bereiche, in denen die Aufenthaltswahr-
scheinlichkeit nicht verschwindet, können festgelegt werden. Solche Lokalisierung ist ein erstes grobes Modell für Teilchen.

Mit gruppentheoretischen Berechnungen konnte vor drei Jahrzehnten aus der
Anzahl der AQIs im Kosmos eine kleinste physikalisch noch realisierbare Länge
und damit eine Metrik begründet werden (Görnitz 1989).
Diese kleinste Länge ist die als konstant zu verstehende Planck-Länge. Mit
dieser misst man den wachsenden kosmischen Radius, der sich in dieser Maßein-
heit als die Wurzel aus der Anzahl der AQIs erweist.

Über die Plancksche Relation ergibt sich eine Beziehung zwischen der Wellenlänge der Grundschwingung und der zugeordneten Energie. Je größer der kosmische Radius, desto kleiner die Energie der Schwingung, also die Energie eines AQIs.

Aus diesen mathematischen Überlegungen und mit einer Anbindung an
die Allgemeine Relativitätstheorie ergab sich ein mit Lichtgeschwindigkeit
expandierender geschlossener Kosmos.

Dieses Modell widerspricht dem gegenwärtigen Mainstream der Kosmologie.
Jedoch erscheinen seit einiger Zeit Arbeiten von Mathematikern und Kosmo-
logen, in denen gezeigt wird, dass ein Kosmos, der sich mit Lichtgeschwindigkeit
ausdehnt und für den die Beziehung zwischen Energiedichte und Druck genauso
ist wie in dem Protyposis-Modell, die Beobachtungen besser erfasst als das
Standardmodell der Kosmologie. Außerdem werden die freien Parameter, die der
Mainstream benötigt, überflüssig (Melia 2007; Melia und Shevchuk 2012).

Dass das Modell von Melia et al. die gleiche Zustandsgleichung und die gleiche Expansionsrate sowie das gleiche Verhältnis von Hubble-Zahl zu Weltalter
wie mein Modell aus den 1980er Jahren besitzt, ist natürlich in der schnelllebigen
heutigen Zeit niemanden mehr bekannt. Damals postulierten die Spezialisten
einen erst expandierenden und dann kontrahierenden Kosmos.

Ein wichtiger weiterer Schritt für die Protyposis-Kosmologie war die Erkenntnis, dass die Annahme einer axiomatischen Gültigkeit der Einsteinschen Gleichungen nicht notwendig ist, dass man sie also nicht voraussetzen muss.

Im Rahmen der Forschungen hat sich gezeigt, dass in der Protyposis-Theorie
für die Herleitung der Kosmologie drei Forderungen aufzustellen sind, die den
unbestreitbaren Vorteil haben, dass sie sich in aller bisherigen Empirie als absolut
zutreffend erwiesen haben (Görnitz 2011).

Für die Protyposis-Kosmologie wird gefordert:

1. Es existiert eine ausgezeichnete Geschwindigkeit. Diese Geschwindigkeit
   ist die Lichtgeschwindigkeit im Vakuum. Es wird also postuliert, dass es die
   Lichtgeschwindigkeit gibt, weil der Kosmos sich mit dieser Geschwindigkeit

ausdehnt. Der kosmische Radius wächst damit proportional zum Weltalter und die AQIs nehmen quadratisch damit zu. Anders gesagt: Die Zeit wird gemessen als Wurzel aus der Zahl der AQIs. Die sich ergebende Zeit-Einheit ist die „Planck-Zeit".

2. Die Plancksche Relation der umgekehrten Proportionalität zwischen Ausdehnung (Wellenlänge) und Energie wird übernommen. Da ein AQI über den gesamten Kosmos ausgedehnt ist, wird seine Energie proportional mit dem wachsenden Radius kleiner. Wegen des quadratischen Anwachsens der Zahl der AQIs wächst die Gesamtenergie aller AQIs zusammengefasst proportional zur Zeit.

3. An die Stelle der simplen Energieerhaltung (die mit einer wachsenden Energie in einem expandierenden Volumen nicht gültig ist – genauso wie auch in der Kosmologie der ARTh) tritt der volle erste Hauptsatz der Thermodynamik, der auch den Druck beachtet. Dann ergibt sich notwendig ein negativer kosmologischer Druck, dessen Betrag einem Drittel der Energiedichte entspricht und der das „Rätsel Dunkle Energie" löst. (Gegenwärtig wird diese – ebenfalls ein negativer Druck – lediglich postuliert.)

Für diese Bedingungen spricht auch, dass dieses kosmologische Modell eine exakte Lösung der Einstein'schen Gleichungen der ARTh ist.

Da die ARTh nicht verwendet worden war, kann aus dem Protyposis-Modell induktiv auf die Form und auf die hervorragende Gültigkeit der ARTh als Näherungsbeschreibung für die Gravitations-Effekte im Kosmos geschlossen werden. Das erklärt auch die Gültigkeit von dem, was im Kosmos aus der ARTh folgt (Görnitz 2011).

(Die induktive Schlussweise, von einigen genauen Ergebnissen auf eine allgemeine Gleichung zu schließen, ist die Methode der Naturwissenschaft.)

Die kosmische Entwicklung wird somit primär als ein Quantenphänomen verstehbar. Aus ihm folgt, weshalb die ARTh als klassische Näherung die Schwerkraftphänomene innerhalb des Kosmos so gut beschreibt.

Dazu gehören z. B. die Veränderungen der Raumzeit um die Schwarzen Löcher und die berühmten Gravitationswellen, die Einstein als Näherung zu seinen Gleichungen gefunden hatte. Bei einer Näherung werden Aspekte, welche in dieser Situation unwesentlich sind, nicht mehr beachtet.

Einige der kosmologischen Hypothesen, für welche bisher jede Erklärung fehlte, werden mit der Protyposis-Kosmologie entweder überflüssig, wie die Inflation, oder herleitbar wie die Dunkle Energie und die Dunkle Materie. Mit „Occam's razor" folgt, dass Theorien umso besser sind, je weniger Unerklärtes sie fordern.

Für die „*Dunkle Energie*" gibt es keine „Teilchen". Sie ist der erwähnte *negative kosmologische Druck*. In den Einsteinschen Gleichungen wirkt dieser der gravitativen Kontraktion entgegen, sodass ein Kollaps des Kosmos vermieden und eine andauernde Expansion ermöglicht wird.

Die „*Dunkle Materie*" könnte eine solche Form von AQIs sein, die natürlich wie alles gravitativ wirkt, welche jedoch nicht als Teilchen erscheint.

Aus der „*kosmologischen Konstante*" wird ein *effektiver, d. h. variabler Vakuum-Term*. Er entspricht der Dunklen Energie und ergibt sich in den Gleichungen mit der Protyposis als ein Drittes neben Materie und Licht mit der empirisch zutreffenden, d. h. extrem kleinen Größenordnung.

Die „Inflation" sollte das „Horizontproblem" lösen. Die kosmische Hintergrundstrahlung ist extrem gleichförmig, obwohl gemäß früheren Modellen kein kausaler Zusammenhang zwischen entgegengesetzten Himmelsrichtungen möglich gewesen sein sollte. Mit der Inflation sollte ein so winziger Bruchteil der Realität, der für Unterschiede zu klein sei, zum gesamten beobachtbaren Universum aufgeblasen werden.

Für ein Universum, das sich mit Lichtgeschwindigkeit ausdehnt, entfällt dieses Problem und Inflation wird überflüssig.

Auch dass das Produkt aus Hubble-Zahl und Weltalter empirisch gleich 1 ist (Tonry et al. 2003, Abb. 15), folgt notwendig mit den Formeln der Protyposis-Kosmologie und ist kein momentaner Zufall wie im Standard-Modell.

Probleme der Strukturbildung von Sternen und Galaxien werden durch den mit Lichtgeschwindigkeit expandierenden Kosmos lösbar (Melia und Yennapureddy 2018).

5.2   Das Innere der Schwarzen Löcher

Die Quantentheorie zeigt, dass der Zustand mit der niedrigsten Energie eines Systems, sein „Grundzustand" oder „Vakuum", von der Ausdehnung des Systems abhängig ist. Wird also ein Quantensystem in einen Kasten gesperrt, so ändert sich der entsprechende Grundzustand. Die einzigen „Kästen" im Universum, aus denen es prinzipiell keinerlei Entkommen geben kann, sind die Schwarzen Löcher. Dann folgt mit der Quantentheorie, dass die Überlegungen der ARTh zum Inneren der Schwarzen Löcher falsch sein müssen, wenn außen und innen derselbe Grundzustand postuliert wird (Görnitz und Ruhnau 1989).

Das Innere eines Schwarzen Loches erweist sich mathematisch als das Innere eines Kosmos, der dem unseren entspricht, als dieser so klein war wie es das betreffende Schwarze Loch ist (Görnitz 2013).

Man kann also durchaus und sehr ernsthaft darüber nachdenken, ob auch unser Kosmos, in welchem wir uns befinden, wie das Innere eines riesigen Schwarzen Loches verstanden werden muss.

5.3   Materie aus Quanteninformation

Der historische Erfolg der Atomvorstellung hat dazu geführt, dass formuliert wird: die Materie besteht aus Atomen – und die Chemie bestätigt das.

Die physikalische Vorstellung von „Teilchen" hat sich aus der Atomvorstellung entwickelt. Ein Teilchen kann in Raum und Zeit bewegt werden. Das verändert seinen Zustand, z. B. Ort oder Geschwindigkeit, nicht jedoch das Teilchen selbst.

Wenn also gelten soll: „Materie ist Quanteninformation", dann war es notwendig zu zeigen, wie mit Quantenbits masselose und materielle Teilchen konstruiert werden können. Diese Aufgabe wurde in zwei wichtigen Arbeiten gelöst.

Für masselose Teilchen wurden diese in der Arbeit (Görnitz et al. 1992) und für Teilchen mit Ruhmasse und Spin in (Görnitz und Schomäcker 2012) berechnet.

Mit der Konstruktion von Teilchen aus AQIs wurde eine wichtige Denkmöglichkeit: „Masse ist Information. Energie ist Information." von einer philosophischen These zu einem Teil der theoretischen Physik. In Experimenten wird oft nur ein einziges dieser AQIs – z. B. die Polarisation – als bedeutungsvoll betrachtet und genutzt.

Mit der Protyposis werden Materie, Energie und absolute Quanteninformation einander äquivalent. Damit gelangt die im Alltag sehr zweckmäßige Trennung zwischen „Form" und „Inhalt" an ihr natürliches Ende. Sowohl die Form eines Körpers wie auch sein materieller Inhalt sind im Grunde Strukturen von Protyposis.

5.4   Die Begründung der Wechselwirkungen

Im Rahmen der mathematischen Struktur der Quantentheorie stellt die Wechselwirkung eine besondere Schwierigkeit dar.

Natürlich hat jeder Physiker gelernt, dass die Quantenmechanik die Wechselwirkung zwischen Elektronen und Atomkern beschreibt. Diese Teilchen sind entgegengesetzt elektrisch geladen und zwischen ihnen wirkt die Coulombkraft. Das funktioniert recht gut. Diese Teilchen sind real und die Kraft ist in diesem Bild etwas Klassisches. Jedes Teilchen besitzt seinen eigenen „Koordinaten-Kosmos", so wie in Newtons Mechanik. Auch da werden die Sonne und die Planeten nicht in dem Raum beschrieben, in dem wir sie sehen. Stattdessen werden die Koordinaten-Räume für jedes einzelne Objekt eingerichtet und getrennt behandelt. Jedes Objekt bleibt bei dieser Beschreibung von jedem anderen immer verschieden. Eine durchgehend quantentheoretische Beschreibung würde die Zustands-räume multiplikativ kombinieren. So entstünde ein einziges neues und vor allem teileloses Ganzes. Dessen theoretische Aufteilung in die getrennten Untersysteme (jeweils Atomkern und einzelne Elektronen) wäre im Zustandsraum des Gesamt-systems eine „Menge vom Maße Null", also völlig vernachlässigbar und eine Wechselwirkung würde aus dem Beschreibungsrahmen herausfallen.

Anstelle einer durchgehend quantentheoretischen Beschreibung ist also eine auch mathematische Trennung in verschiedene „kosmische Koordinaten-Räume" notwendig. Für eine quantentheoretische Ganzheit wäre der Begriff der Wechsel-wirkung natürlich sinnlos. Deshalb muss die Ganzheit theoretisch zerlegt werden.

Wir kennen heute drei fundamentale Kräfte: die elektromagnetische, die schwache und die starke Wechselwirkung. Die zugehörigen Kraft-Quanten sind die Photonen, die $W^{\pm}$- und Z^0-Bosonen und die Gluonen.

Alle drei Wechselwirkungen haben sich in sehr erfolgreichen Experimenten als sogenannte *lokale Eichwechselwirkungen* erwiesen. Weshalb genau die mathe-matische Struktur der Eichwechselwirkungen die Realität so gut erfasst, wurde biser als großes Rätsel dargestellt:

> Diese Wechselwirkungsstruktur ist also tatsächlich aus der lokalen Eichsym-metrie-Forderung hergeleitet. Was aber ist der tiefere Grund für diese, zunächst rein formale Möglichkeit? Scheinbar handelt es sich um einen tiefliegenden und konzep-tionell noch völlig unverstandenen Zusammenhang zwischen Raum und Wechsel-wirkung (Lyre 2002).

> Das Standardmodell hat aber noch andere unbefriedigende Züge. Das beginnt schon damit, dass wir nicht verstehen, weshalb gerade seine und nicht andere Eichsym-metrien realisiert sind (Straumann 2005).

Während ein „freies Objekt" wie eine Kugel auf der Kegelbahn geradeaus läuft, bewirkt eine Kraft eine Abweichung davon. Die Kegelbahn passt zu einer Land-karte, die flach liegt. Die Beschreibung realer Kräfte würde dem Übergang in die Wirklichkeit mit Hügeln und Tälern entsprechen. Dort laufen Kugeln nicht auf Geraden, sondern auf gekrümmten Bahnen.

Die Eichwechselwirkungen ersetzen die Geometrie der flachen Karte durch eine Geometrie, welche eine Gruppenstruktur und damit lokale Krümmungen erfasst.

Mit der Protyposis wurde erklärbar, dass und wie diese Wechsel-wirkungs-Strukturen mit mathematischen Eigenschaften der AQIs zusammen-hängen (Görnitz 2014; Görnitz und Schomäcker 2016).

Diese Strukturen, die aus der Mathematik der AQIs folgen, sind gerade genau die drei Strukturen, welche man für die mathematische Beschreibung der drei Eichwechselwirkungen und damit für den Zusammenhang zwischen Raum und Kräften benötigt.

Noch immer gibt es Bestrebungen, die drei Wechselwirkungen zu einer einzigen zusammenzuschweißen. Das hätte eine ungeheure Inflation von neuen „fundamentalen" Teilchen zur Folge. Die notwendige viel größere Symmetriegruppe hätte sehr viel mehr Kraftquanten zur Folge, für die es keine experimentellen Hinweise gibt.

Mit den AQIs erfolgt also *keine Vereinheitlichung der drei Grundkräfte*. Vielmehr lässt eine *tatsächliche Fundamentalstruktur* – die Protyposis – verstehbar werden, weshalb genau diese drei so unterschiedlichen quantischen Wechselwirkungsstrukturen in der Natur gefunden werden.

Trotz ungeheurer Anstrengungen der besten theoretischen Physiker ist es bis heute nicht gelungen, die Allgemeine Relativitätstheorie in eine Quantenversion zu überführen. Daraus kann man schließen:

Da sich die vollständige Einsteinsche Theorie als eine klassische Näherung aus der Protyposis-Quantenkosmologie erweist, ist eine solche „Rück-Quantisierung" überflüssig (Görnitz 2011).

Für lineare Näherungen der ARTh – z. B. für Gravitationswellen – ist es hingegen ohne große Probleme möglich, Gravitonen als „Schwerkraftquanten" zu definieren.

Die kosmische Evolution bis zum Leben 6

▶ • Mit der Protyposis wird der Ablauf der kosmischen Evolution verstehbar.
  • Teilchen, die eine Ladung beinhalten, besitzen Ruhmasse.
  • Die stabilen Teilchen mit Masse formen sich aus etwa 10^{41} AQIs als Proton, aus etwa 10^{38} AQIs als Elektron und aus weniger als 10^{32} AQIs als Neutrino.

Die kosmische Evolution vom Urknall bis zum Leben und schließlich zum Bewusstsein stellte ein zentrales Problem für alle Naturwissenschaften dar.

Die Geschichte der wissenschaftlichen Kosmologie war ein Auf und Ab von einander widersprechenden Vorstellungen. Sie beginnt mit Einstein, der wegen philosophischer Vorannahmen seine Gleichungen so lange veränderte, bis ein ewiger unveränderlicher Kosmos als Lösung erhalten wurde. Kurz darauf wurde die Expansion des Kosmos entdeckt. In meiner Studentenzeit herrschte die Meinung, dass ein endlicher Kosmos sich nach dem Urknall ausdehnt um schließlich nach dem Erreichen eines Maximums wieder zu einem Endknall zu schrumpfen. Danach kam ein unendlicher Kosmos in Mode. Dieser sollte zuerst am Anfang explosionsartig (inflationär) und dann später erneut beschleunigt expandieren.

6.1   Die Evolution des Kosmos im Licht der Protyposis

Die Evolution des Kosmos ist eine Entwicklung, in der fortwährend Neues entsteht. Wie sieht sie aus? (Görnitz 1988b, 2011, 2018)

Drei verschiedene Sprechweisen über ein und denselben Prozess sind möglich: Die Basis ist, dass die Anzahl der AQIs wächst. Heute sind es etwa 10^{123}.

© Springer Fachmedien Wiesbaden GmbH, ein Teil von Springer Nature 2019
T. Görnitz, *Protyposis – eine Einführung*, essentials,
https://doi.org/10.1007/978-3-658-23494-2_6

Dieses Wachsen der Anzahl äußert sich als ein Älterwerden und Expandieren des Kosmos. Das Alter beträgt etwa 13,8 Mrd. Jahre bzw. $10^{61,5}$ Planckzeiten. Ein grundlegender Prozess wird also durch drei verschiedene Aspekte beleuchtet.

Mit der Ausdehnung des Raumes können getrennt erscheinende Objekte entstehen. Diese Beschreibung ist eine Näherung an das tatsächliche Quantenverhalten, welches im Grunde nur Ganzheiten kennt. Zwischen diesen Objekten treten Wechselwirkungen auf, die durch Kräfte bewirkt werden.

Objekte haben eine Ruhmasse. Diese wird durch die Ladungen verursacht, die das Objekt charakterisieren. Wenn wir die stabilen Teilchen im Lichte der AQIs betrachten, so zeigt es sich, dass ein Proton aus etwa 10^{41} AQIs gebildet ist, ein Elektron aus etwa 10^{38} AQIs und ein Neutrino wohl aus weniger als 10^{32} AQIs.

Die letzte Zahl entspricht in etwa auch den AQIs eines Photons des sichtbaren Lichtes.

Da diese Teilchen geformte – anders formuliert „gefrorene" oder „gesinterte" – Quanteninformation sind, tragen sie alle so etwas wie „inhärente Bedeutungskeime" mit sich. Zu diesen könnte man z. B. den Ort des Massenmittelpunktes zählen, aber auch die Beziehungen zu anderen näheren und ferneren Ladungen.

Dies war die Voraussetzung dafür, dass in späteren – den biologischen – Entwicklungsstufen aus diesen „Keimen" so etwas wie eine „Bedeutung" im Sinne der Alltagssprache entstehen konnte.

Im expandierenden Kosmos sind anfangs die Temperaturen und Dichten enorm hoch, sodass sich bei diesen hohen Energien Elektronen und Protonen zu Neutronen zusammenfügen können. Neutronen zerfallen jedoch durch die schwache Wechselwirkung mit einer Halbwertszeit von etwa 1000 s. Protonen und Neutronen können sich aber mit der starken Wechselwirkung zu den Atomkernen von Helium und Lithium zusammenfinden. Dann verhindert diese, dass die Neutronen, die in diese Atomkerne aufgenommen sind, wieder zerfallen.

Im Laufe der weiteren Expansion und mit der damit verbundenen Abkühlung können sich die Elektronen mit den Atomkernen zu elektrisch neutralen Atomen verbinden.

Der Atomkern wie auch die kompletten Atome bilden Ganzheiten. Sie können wie eine wogende Menge von Schwingungen oder wie ein Durcheinanderwirbeln von kleinen Teilchen oder wie beides zugleich veranschaulicht werden. Alles das erfasst zutreffende und nicht zutreffende Aspekte des Sachverhaltes, den die Quantentheorie mathematisch beschreibt. Natürlich kann man den Atomkern in die Protonen und Neutronen zerlegen. Jedoch vor einer solchen Zerlegung ist die Beschreibung, er würde aus diesen Teilchen bestehen, lediglich eine grobe Näherung.

Wir müssen daran erinnern, dass es sich bei den Quantensystemen um Ganzheiten handelt, die in der mathematischen Beschreibung sehr viele Zustandsmöglichkeiten beinhalten können. Ohne einen massiven Eingriff wird jedoch von diesen Möglichkeiten keine faktisch. Das trifft auch auf die Elektronenhülle von Atomen und Molekülen zu. Die Bilder der Bohrschen Bahnen mit den sich faktisch bewegenden Elektronen sind nur eine und wahrscheinlich nur eine der schlechteren Veranschaulichungen einer eigentlich vorhandenen Ganzheit, deren Teile lediglich virtuell existieren.

Die Schwierigkeit einer Veranschaulichung atomarer Verhältnisse, diese Mischung widersprechender Bilder, hat wahrscheinlich dazu geführt, dass die Quantentheorie oftmals als unanschaulich und als nicht vorstellbar bezeichnet worden ist.

Die Protyposis verweist primär darauf, dass die Realität in der Tiefe nichtlokal ist und dass sie auch als Schwingung verstanden werden kann. Das mag plausibler machen, dass die verschiedenen Bilder der Atome nur mögliche Aspekte aufzeigen, dass sie jedoch niemals die Fülle der Möglichkeiten erfassen, sondern jeweils immer nur eine von diesen.

Quantentheorie ist also eher abstrakt als unanschaulich. Allerdings verlangt die Abstraktion, einander widersprechende Bilder als gleichzeitig mögliche Beschreibungen eines Systems akzeptieren zu können. Quantentheorie ist also im Wesentlichen ambivalent – und Ambivalenz bereitet immer Schwierigkeiten, wenn man sie auf einfache logische Aussagen zurückführen möchte.

Kehren wir zum Kosmos zurück. Die Elektronen werden in neutrale Atome eingebunden und sind dann nicht mehr frei. So können sie nicht mehr mit beliebigen Photonen wechselwirken. Die Photonen aus dieser Zeit laufen ohne Wechselwirkung geradeaus und bilden die sogenannte kosmische Hintergrundstrahlung. Sie erfüllt den Kosmos mit hoher Gleichförmigkeit.

Im Kosmos gab es dann Gaswolken, deren Masse zu 75 % aus Wasserstoff und zu 25 % aus Helium bestanden. Hinzu kam ein winziger Anteil an Lithium. Das einzige, was sich daraus bilden konnte, waren Sterne.

Die lokale Auswirkung der Quantenkosmologie, also die Gravitation, sorgt im Weiteren dafür, dass im Inneren der Sterne extrem hohe Drücke und Temperaturen entstehen. Die starke Wechselwirkung bewirkt dann, dass unter diesen Bedingungen in den Sternen leichte Atomkerne zu schwereren Atomkernen fusionieren.

Auf diese Weise entstehen in den Sternen schwerere Elemente bis zum Eisen. Danach wird beim Fusionieren keine Energie mehr frei und die Fusion stoppt. Wenn das Innere zu Eisen geworden ist, dann verschwindet der Innendruck und ein großer Stern kollabiert als Supernova-Explosion. Bei dieser Explosion werden so gewaltige Energiemengen frei, dass auch alle schwereren Atomkerne gebildet werden. Atomkerne jenseits des Urans zerfallen aber so schnell, dass wir sie in der Natur nicht vorfinden.

Die Explosionsprodukte werden in den Raum hinaus geblasen und stehen für die Bildung neuer Himmelskörper zur Verfügung, darunter nun auch von so kleinen wie Planeten und Kometen.

Wenn Planeten in einem günstigen Abstand zu ihrem Mutterstern stehen, dann wird sich auf ihnen Leben entwickeln können.

Das Leben aus Sicht der Protyposis: die Kreation von Bedeutung

7

▶ • Lebewesen sind spezielle Fließgleichgewichte mit einem ständigen Austausch von Materie und Energie, die sich von ihrer Umwelt gezielt abgrenzen können.
  • Sie stabilisieren sich durch eine interne Informationsverarbeitung – mit Codierung, Decodierung und Speicherung – sowie durch einen Informationsaustausch, eine Kommunikation, mit ihrer Umwelt und zwischen den Teilen des Lebewesens selbst.
  • Information wird für ein System dann und nur dann bedeutungsvoll, wenn sie an diesem etwas bewirken kann. Damit können sich für Lebendiges Beziehungsstrukturen in Bedeutungsstrukturen umwandeln.
  • Die Beschreibung der Lebensformen mit deren Fakten und Möglichkeiten erfordert die dynamische Schichtenstruktur.

Der Übergang vom Unbelebten zum Leben und dann noch einmal der von nicht-bewusstseinsfähigen Lebensformen zum Bewusstsein wird naturwissenschaftlich erklärbar (Görnitz und Görnitz 2016; Görnitz 2017). Mit der Protyposis wird deutlich, dass die Grundlage aller Realität eine absolute und deshalb bedeutungsfreie Quanteninformation ist. Diese kann sich zu energetischen und materiellen Quantenteilchen und auch zu bedeutungsvoller Information formen. Nur dann, wenn man die Quanteninformation als eine naturwissenschaftlich nicht weniger reale Entität als Photonen und materielle Teilchen versteht, wird eine naturwissenschaftliche Erklärung für Leben möglich.

Nur in instabilen Systemen kann Quanteninformation Wirkungen verursachen.

© Springer Fachmedien Wiesbaden GmbH, ein Teil von Springer Nature 2019
T. Görnitz, *Protyposis – eine Einführung*, essentials,
https://doi.org/10.1007/978-3-658-23494-2_7

Dabei spielt der entsprechende Kontext eine fundamentale Rolle dafür, welche AQIs bedeutungsvoll werden können und vor allen Dingen auch, welche Bedeutung sie für das jeweilige System in der jeweiligen Situation erhalten können. Lebendiges unterscheidet sich also von Unbelebtem darin, dass die Bedeutungskeime sich zu wirklicher Bedeutung entfalten können. Bedeutungskeime kann man in den Strukturen organischer Moleküle sehen. Sie können, wie RNA und DNA, als Informationsspeicher wirken oder, wie Proteine, als Enzyme, also als Katalysatoren.

Quanteninformation wird für ein System dann und nur dann bedeutungsvoll, wenn sie an ihm etwas bewirken kann.

So haben die Abermilliarden von Neutrinos, die in jedem Moment durch unseren Körper fliegen, keine Wirkung auf uns und somit für uns auch keine Bedeutung. Quanteninformation kann *an einem Ort über eine Zeitspanne* wirksam und damit bedeutungsvoll werden, wenn sie sich auf einem *materiellen Träger* befindet. Auf *Photonen* als Träger ist sie „*jetzt*", aber nicht nur „hier". Da die Träger, Photonen oder Materie, ebenfalls spezielle Formen von AQIs sind, ist in vielen Fällen eine scharfe Trennung zwischen bedeutungsvoller Information und ihrem energetischen oder materiellen Träger nicht möglich.

7.1   Protyposis und die Definition von Leben

Mit der Protyposis wurde es möglich, eine zentrale Aussage für *Leben* zu formulieren (Görnitz und Görnitz 2016):
Lebewesen können definiert werden als instabile bzw. metastabile Systeme von Materie und Energie, als Fließgleichgewichte, welche sich durch interne Quanteninformationsverarbeitung selbst stabilisieren können.

Als Fließgleichgewichte haben sie einen Stoffwechsel.

Nur *instabile* Systeme können auch durch bloße Information beeinflusst werden. Dazu muss durch die Information eine *bereitgestellte Energie* ausgelöst werden. In solchen Prozessen werden die Bedeutungskeime zu tatsächlich bedeutungsvollen Informationen.

Lebewesen bewerten und deuten Informationen und geben ihnen damit eine Be-Deutung. Wenn die Verarbeitung der Information zu einer weiteren Stabilisierung führt, hat das Lebewesen ihr die „richtige" Bedeutung gegeben – im anderen Fall die „falsche". Damit das geschehen kann, muss die Information in der Lage sein, am Lebewesen etwas bewirken zu können. Aus den stabilisierenden Bewertungen werden sich Regeln für die weitere Informationsverarbeitung ergeben. Neben anderen Ursachen führen auch falsche Bewertungen zum Ausscheiden aus dem evolutiven Prozess. Formen, die keine Nachkommen haben, fallen aus der Evolution heraus.

Mit dem Leben geschieht es in der kosmischen Geschichte erstmals, dass Information eine konkrete Bedeutung erhält.

Durch Steuerung und Selbststeuerung wird die Existenz des instabilen Systems „Lebewesen", seine *Homöostase,* über eine längere Zeit aufrechterhalten.

Zwischen einem Lebewesen und seiner Umwelt und auch zwischen den verschiedenen Bereichen innerhalb eines Lebewesens kann man von einer *prozesshaften Kommunikation* sprechen. Es findet ein ständiger Codierungs- und Decodierungsprozess statt.

Dabei wird alle bedeutungsvolle Information mittels Photonen bewegt und mittels materieller Zellbestandteile gespeichert.

Nur auf diese Weise kann das *thermodynamisch instabile System Lebewesen* sich stabilisieren.

So wie Einstein gezeigt hat, dass es keine scharfe Grenze zwischen Materie und Energie gibt, zeigt die Protyposis, dass es keine scharfe Abtrennung zwischen Materie, Energie und bedeutungsvoller Information gibt.

Damit kann jetzt erklärt werden, weshalb Lebewesen eine *Einheit* bilden – eine Einheit von dem, was man als *Hardware* (den materiellen Körper) und dem, was man als *Software* (als die Verarbeitung von bedeutungsvoller Information) bezeichnen könnte. Zwischen diesen beiden so verschieden erscheinenden Formen der Protyposis existiert keine scharfe Grenze. Lebewesen sind *Uniware.* Diese beeinflusst und verändert sich selbst.

Eine Wirkung von bedeutungsvoller Quanteninformation auf Materie ist nur an instabilen Systemen und beim Vorliegen von *Gradienten* möglich.

Ein *Gradient* ist so etwas wie ein „Abhang". Gradienten können die Ursachen für Bewegungen oder für Prozesse bereitstellen und damit Fließgleichgewichte bewirken. Man denke beispielsweise an das Gefälle eines Bergbaches, in welchem sich relativ stabile Wirbel formen. Aber auch die Temperaturunterschiede zwischen einer heißen Quelle und dem kalten Ozeanwasser bilden einen Gradienten. Wir Menschen nehmen hochwertige Nahrung und sauerstoffreiche Luft auf und geben ab, was der Körper nicht mehr verwerten kann – diese Vorgänge nutzen auch chemische Gradienten.

7.2   Die biologische Evolution im Licht der Protyposis

Für das Entstehen des Lebendigen ist es notwendig, dass sich eine *selbststabilisierende Informationsverarbeitung* entwickeln kann. Dafür ist ein umfangreiches Zusammenspiel von sehr vielen Molekülsorten erforderlich, auch in ihren Formen als geladene Ionen. Dieses Zusammenspiel von biochemischen, also elektromagnetischen Reaktionsketten und -kreisläufen kann bereits als eine Vorstufe für die Erzeugung von bedeutungsvoller Quanteninformation aus bedeutungsfreier betrachtet werden. Gradienten ermöglichen Fließgleichgewichte und diese wiederum instabile Systeme. Die Instabilität und eine durchlässige Abgrenzung ist die Voraussetzung dafür, dass Quanteninformation Wirkungen hervorrufen und somit bedeutungsvoll werden kann.

Leben wurde also möglich, wenn chemische oder energetische Gradienten entsprechende Prozesse entstehen lassen konnten. Dazu sind katalytische – bzw. enzymatische – Prozesse notwendig, welche die chemischen Prozesse stark beschleunigen können oder sie unter den gegebenen Umständen überhaupt erst in realistischen Zeitdauern möglich werden lassen.

Die gesamte biologische Evolution geschieht auf der Basis der elektromagnetischen Wechselwirkung, einer quantischen Wechselwirkung mit beliebig großer Reichweite. Alle chemischen und biochemischen Vorgänge beruhen auf dem Austausch von virtuellen und realen Photonen. Beispielsweise zeigt Schirmer (2018), wie in der Chemie auch die virtuellen Photonen für die Erklärung ihrer Vorgänge notwendig sind. Für die Biologie trifft das ebenfalls zu.

Gelegentlich bewirken die schwache und die starke Wechselwirkung geringe Störungen, die jedoch zumeist zu vernachlässigen sind.

Vulkanismus unter dem Meer und Schwarze Raucher (sehr heiße Quellen am Ozeangrund) bieten chemische und thermische Gradienten und damit eine Voraussetzung für das Entstehen von Fließgleichgewichten, also von metastabilen Strukturen, die auf chemischen und thermischen Unterschieden zum kalten Meerwasser beruhen. Andere Modelle bringen vulkanische Quellen mit einem Wechsel zwischen feucht und trocken an ihren Rändern ins Spiel. An solchen Stellen können ebenfalls chemische Prozesse wegen der veränderlichen Dichten vorsichgehen. Dabei werden sich Moleküle auf solche Abstände nähern können, dass sie miteinander reagieren können.

Nicht nur an Kometen, sondern auch an solchen Tümpeln können die Energieunterschiede zwischen der heißen Sonne und dem kalten Weltraum sowie die UV-Strahlung zur Wirkung kommen.

7.3   Die biologische Evolution – ein Wechselspiel zwischen Fakten und Möglichkeiten, zwischen Beziehung und Trennung

Man bedenke die ungeheure Menge von AQIs, welche in der Form materieller oder photonischer Quanten auftreten. Von diesen wird nur ein kleiner Anteil der AQIs als tatsächlich bedeutungsvolle Quanteninformation erscheinen. Trotzdem ist deren Anzahl noch riesig. Damit wird es leichter zu begreifen, dass so viele verschiedene biologische Erscheinungsformen möglich wurden und werden. Bei einem Photon von etwa 10^{32} AQIs werden wohl kaum 10^{10} AQIs bedeutungsvoll werden können. Wird diese Anzahl abgezogen (also der $10^{(-22)}$te Teil), dann sind die restlichen, also die „Energie des Photons", noch immer so gut wie 10^{32} AQIs. (Wenn man von einer Billiarde Euro einen Cent verliert, so ist das immer noch fast eine Billiarde.)

Die frühesten zellulären Lebensformen, die Archaeen und Bakterien, können durch die Kontrolle ihrer Zellwände die Beziehungen und die Abtrennungen zwischen Innerem und Äußerem steuern. Die DNA, in welcher die Erfahrungen von Millionen früherer Generationen gespeichert sind, ist bei ihnen unabgegrenzt in die inneren Lebensvorgänge eingebunden. Räumliche enge Nachbarschaft ermöglicht zwischen einzelnen solcher Prokaryonten den Austausch von DNA-Molekülen. Diese haben jeweils die Information über mögliche Reaktionen auf spezifische Situationen gespeichert. Erbinformation, welche von viraler RNA stammt, wird als wichtiger Faktor in der Evolution immer deutlicher erkannt.

Eine neue Stufe der Evolution beginnt damit, dass die DNA innerhalb der Zelle durch eine weitere Membran vom Rest der Zelle in steuerbarer Weise abgetrennt wird. Der sich damit herausgebildete Zellkern erleichtert es, bestimmte auf der DNA gespeicherte Informationen nach Bedarf abrufbar oder unwirksam werden zu lassen.

Die damit noch umfangreicher gewordene Möglichkeit der Steuerung hat natürlich umfangreichere Verhaltensmöglichkeiten zur Folge.

Jetzt wird es möglich, dass fremde Bakterien nicht mehr nur verspeist, sondern integriert werden. Mitochondrien, die „Kraftwerke" der Tierzellen, und Chloroplasten, welche in den Pflanzenzellen die Photosynthese bewerkstelligen, sind von ihrer ursprünglichen Bakterienzellwand und zugleich von einer weiteren umgeben, die der äußeren Zellwand des Eukaryonten entstammt. Das sich auf dieser Basis entwickelnde mehrzellige Leben beruht also auf dieser Beziehungsstruktur, dieser *Endosymbiose*, welche zu einem simplen „Kampf ums Dasein" konträr ist.

Die Speicherung der für das Lebewesen notwendigen Quanteninformation im *Zellkern* ermöglicht einen sehr *differenzierten Zugriff* darauf. Je nach dem, welche Informationen stillgelegt oder aktiviert sind, wird es möglich, dass Zellen sich für ganz unterschiedliche Aufgaben spezialisieren und schließlich auch *unterschiedliche Organe* formen können.

Jede Zelle eines Organismus enthält im Zellkern die gesamte Erbinformation des Lebewesens. Jedoch nur ein geringer Anteil dieser Information wird für den Ablauf in der jeweils speziellen Zelle bereitgestellt und zugänglich gemacht. Dafür ist ein *Informationsaustausch* innerhalb der Zelle, zwischen den Zellen eines Organs und innerhalb des gesamten Körpers entscheidend.

Bei diesen Vorgängen lösen sich ständig faktisch gewordene Situationen mit den Möglichkeiten ab, welche sich neu eröffnet haben.

Ein solcher Wechsel zwischen Fakten und Möglichkeiten erfordert zu seiner Beschreibung die dynamische Schichtenstruktur aus klassischer und quantischer Physik.

Unbewusstes und Bewusstsein 8

▶ • Die Protyposis als Informationsstruktur zielt auf Bedeutung, Bedeutung zielt evolutionär auf ihr Bewusstwerden.
   • Bewusstsein kann erklärt werden als kohärente Zustände von Quanteninformation in einer solchen Form, dass sie sich selbst erleben und kennen kann. Als Quantenzustände beschreiben sie Möglichkeiten, welche immer auch als Superpositionen von anderen Quantenzuständen beschrieben werden können. Bewusstsein ist individuell und „energetisch teuer". Es entwickelt sich nur dort, wo es tatsächliche Vorteile erbringen kann. Daher verlaufen die meisten psychischen Prozesse unbewusst.
   • Biologische Systeme sind nicht sinnvoll in Hard- und Software zu trennen. Sie sind Uniware.

Alle Lebewesen reagieren in intelligenter Weise auf die Veränderungen, denen sie sich stellen müssen. Sie haben Empfindungen, die als ausgedehnte Zustände von bedeutungsvoller Quanteninformation bezeichnet werden können und die das ganze Lebewesen umfassen (Görnitz und Görnitz 2016; Görnitz 2017). Bei Tieren werden sie zu Affekten und Gefühlen, welche die momentanen Empfindungen bewerten und zugleich ausdrücken.

Höher entwickelte Tiere haben Bewusstsein, das ist Quanteninformation, die sich selbst erleben und kennen kann.

Der Mensch ist fähig, sich selbst im Spiegel zu erkennen. Er schafft Fakten im Bewusstsein und kann über die Inhalte reflektieren, also Information über Information verarbeiten. Dabei hilft eine grammatisch organisierte Sprache.

Sprache und Schrift sind diejenigen Fähigkeiten, mit denen die Menschen sich von den Tieren unterscheiden. Sie ermöglichen eine Informationskonzentration,

© Springer Fachmedien Wiesbaden GmbH, ein Teil von Springer Nature 2019
T. Görnitz, *Protyposis – eine Einführung*, essentials,
https://doi.org/10.1007/978-3-658-23494-2_8

die als Symbolbildung diejenige der Tiere in unermesslicher Weise übersteigt und welche die quantische und klassische Informationsverarbeitung auf eine post-biologische Stufe hebt.

Das Wissen um die eigenen inneren Zustände legt es nahe, diese auch den anderen Menschen zuzuschreiben. Das wird seit einiger Zeit mit dem Begriff „Mentalisierung" bezeichnet.

8.1   Spezialisierungen der Informationsverarbeitung

Einzeller können naturgemäß keine spezialisierten Zellen für die Informationsverarbeitung herausbilden. Bei den ortsgebundenen Pflanzen und Pilzen wäre die Herausbildung eines einzelnen spezialisierten Organs für die Informationsverarbeitung höchst gefährlich. Sie sind auf eine dezentrale Informationsverarbeitung angewiesen und damit auf andere Problemlösungen als die Tiere. Wenn diese in eine festsitzende Lebensform übergehen wie die Hydra, sparen sie sich das Nervensystem wieder ein.

Für die Lebewesen mit der Möglichkeit einer schnellen Ortsveränderung bedeutete eine schnellere und deswegen in einem Organ lokalisierte Informationsverarbeitung einen großen evolutionären Vorteil – sowohl für Beutesuche als auch für Flucht. Zellen eines Nervensystems und später ein spezialisiertes Organ, das Gehirn, waren die Lösung.

Technische Informationsverarbeitung mit „neuronalen Netzen" und Festkörperelektronik wurde erst durch die Quantentheorie möglich. Diese Netze sind aber letztlich nur sehr effizient mit klassischer Logik arbeitende Schalter-Strukturen. Bei ihnen soll sich die Hardware durch die Software-Prozesse nicht verändern. Sie entsprechen den einfachsten Modellen, die von biologischen Nerven-Strukturen möglich sind.

Die Protyposis-Struktur erklärt, weshalb jedoch biologische Systeme nicht sinnvoll in Hard- und Software zu trennen sind.

Das Bewusstsein bei Kindern bildet sich in einem längeren individuellen Entwicklungsprozess auf der Basis der stammesgeschichtlichen Vorgaben heraus. Dabei bewirken die Informationen aus eigenem Erleben mit den kulturell-sozialen Einflüssen eine spezialisierte „Verschaltung" des Nervensystems. Die ständigen Vorgänge der Informationsverarbeitung und damit der Bedeutungserzeugung wirken auf die anatomische Struktur, also die neuronalen Netze, die Axone und Dendriten mit den Synapsen. Umgekehrt wirken dort stattfindende Veränderungen in Biochemie und Anatomie auf die Bedeutungsgebung ein. Wegen der ganzkörperlichen Einheit erfolgen solche Wirkungen sogar aus dem Mikrobiom. Mit dem Wachstum des Gehirns und seiner Differenzierung wird die Informationsverarbeitung so umfangreich, dass in ihm sprachliche Reflexion möglich wird. Dabei kann man sich gleichsam wie mit „den Augen eines Dritten" betrachten.

Die quantische Nichtlokalität erleichtert das Verstehen des Psychischen als ausgedehnte Zustände, welche nie nur an einer Stelle im Gehirn zu finden sind. Einen „Ort des Ichs" gibt es nicht. Allerdings gibt es stets Teilverarbeitungen mit Schwerpunkten an einzelnen Arealen im Gehirn. Auf das Zusammenspiel von quantischer und klassischer Resonanz deuten Untersuchungen am Gehirn hin, wenn Zellen dann in Resonanz „feuern", wenn sie die gleichen Inhalte verarbeiten. Dabei entstehen kohärente Zustände von Quanteninformation, welche von realen und virtuellen Photonen getragen werden. Virtuelle Photonen bewegen Information mit Ladungen, also Ionen und Elektronen, in Nervenfasern. Reale Photonen vermitteln Information unabhängig von den Fasern. Der Bedeutungsgehalt der Photonen hängt von den Zellen und Zellbestandteilen an den Orten von Emission und Absorption ab. Diese Verarbeitungsschritte werden im Bewusstsein zusammengeführt, im Strom bedeutungsvoller Quanteninformation. Die Information des Gedächtnisses wird in materiellen Strukturen gespeichert.

Die Träger der aktiven Psyche und des Bewusstseins sind reale und virtuelle Photonen.

Können im EEG keine Photonen mehr nachgewiesen werden, ist das ein Hinweis auf den Hirntod.

Die jeweilige Bedeutung für Unbewusstes und Bewusstes entsteht durch Entstehungsort sowie Spin (Polarisation) und Energie der Photonen, sowie durch die mit diesen wechselwirkenden Moleküle und deren Eigenschaften. Das Beispiel des Farbsehens gibt einen Hinweis auf die Brücke zwischen physikalisch zu erklärendem Input und dem bewussten Erleben. Photonen von 700 nm aktivieren für rotes Licht empfindliche Zapfen in der Netzhaut. In der weiteren Verarbeitung dieser Information werden z. B. frühere Erlebnisse mit „rot" sowie sprachliche Zusammenhänge, die aus dem Gedächtnis aktiviert werden, mit dieser Wahrnehmung verbunden. Weiterhin wird diese Information mit dem aktuellen körperlichen, emotionalen und kognitiven Zustand zu einer kohärenten Ganzheit verknüpft. Die unbewusst vorbereiteten Informationen werden im Wachzustand in den laufenden Bewusstseinsprozess eingebunden. Durch die Fähigkeit zur Reflexion besteht jederzeit die Möglichkeit, sich zu verdeutlichen, dass man im Moment „rot" sieht und was man dabei empfindet.

Die Bewertungen werden mitgeformt durch die lebenslange Vermittlung kultureller Erfahrungen durch die „Anderen". Sie unterliegen kognitiven und emotionalen Einflüssen sowie dem Grad der Aufmerksamkeit und natürlich auch wesentlich den wechselseitigen Beziehungen zwischen diesen verschiedenen Faktoren.

8.2   Protyposis und psychosomatische Erscheinungen

Das Wechselspiel zwischen ausgedehnter bedeutungsvoller Information, Energie und Materie erklärt auch die psychosomatischen Erscheinungen. Die bedeutungsvolle Informationsverarbeitung hängt vom jeweiligen Kontext ab, der nicht notwendig bewusst werden muss. Die unbewussten und bewussten Vorstellungen und Gedanken beeinflussen die Abläufe im Körper und diese wiederum die Psyche mit den Emotionen und Kognitionen (Abb. 8.1).

Das Neue in der biologischen Evolution ist die Einheit zwischen dem Materiellen, der Energie und der Quanteninformation sowie deren wechselseitige Beeinflussung.

Das Materielle sind die Nervenzellen mit ihren Synapsen und Molekülen. Die Energie ist aktiv in der Form der Photonen und gespeichert in den ATP-Molekülen in den Zellen. Die Inhalte der aktiven Psyche, des Informations-Stroms, werden wie gesagt von den Photonen getragen. Der bedeutungsvolle Informationsanteil der Photonen ist fähig, u. a. die Umwandlung von ATP in ADP auszulösen und damit Veränderungen an Zellen hervorzurufen.

Diese Einheit, die Uniware, ist möglich, da mit den AQIs der Protyposis die gemeinsame Grundlage der verschiedenen biologischen Gestaltungen erklärt wird. Sie ist die Voraussetzung dafür, dass Tiere nicht nur ein ganzkörperliches Erleben haben, sondern dass die evolutionär späteren Formen auch Bewusstsein entwickeln können. Zumindest bei Vögeln und Säugern ist dieses vorhanden.

Die Uniware ermöglicht es auch, die Phänomene der Psychosomatik zu erklären (Görnitz und Görnitz 2016, S. 298 ff.).

Mit ihr wird es verständlich, dass Menschen nicht nur auf materielle Einwirkungen wie Tabletten (bottom-up), sondern in gleichem Maße auch auf soziale

Abb. 8.1 Die unauflösliche Wechselbeziehung zwischen Körper und Psyche im Lebendigen durch die verschiedenen Gestaltungen der AQIs der Protyposis

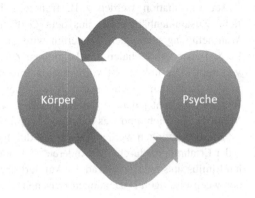

und psychische Informationswirkungen (top-down) reagieren können. Die Information erweist sich dabei als einigendes Band zwischen den Einflüssen aus Genetik, frühkindlicher Entwicklung, dem sozialen Umfeld sowie dem aktuellen individuellen körperlichen und psychischen Zustand.

Bei der Placebo-(und auch Nocebo-)Wirkung liegt eine spezielle Beziehungsstruktur zwischen dem Arzt, dem (Schein-)Medikament und den Patienten vor. Die bewusst und unbewusst erzeugte Bedeutungsstruktur kann im Patienten eine Wirkung entfalten. Ein materielles Substrat eines „normalen" Medikamentes ist dafür überflüssig.

8.3 Protyposis und Lernen

Die Informationsaufnahme beim Lernen geschieht in der frühkindlichen Entwicklung durch Beobachtung und Nachahmung. Im Gedächtnis werden Erfahrungen aus dem sozialen Umfeld mit Sprache und Kultur und später auch abstrakte geistige Informationen mit denen aus dem eigenen Erleben gespeichert und von dort wieder abgerufen. Photonen bewegen alle diese bedeutungsvoll gewordene Quanteninformation. Die Photonen selbst als Formen von Energie oder die von ihnen ausgelösten Energien bewegen Materie und formen neue Strukturen im Lebewesen. So werden Molekül- und Synapsenstrukturen verändert. Diese andauernden Veränderungen von Strukturen bewirken eine Speicherung von bedeutungsvoller Information und damit Gedächtnis.

Das sogenannte „Berechnen" in den Nervenzellen darf man sich weniger ein Rechnen mit Zahlen vorstellen, sondern es ist eher einem optischen Vergleichen von Längen, von Projektionen auf Hintergründen, einem Abwägen von Mengen und einem Erkennen von Mustern vergleichbar. Die quantische Nichtlokalität lässt auch verständlich werden, dass Assoziationen, Verbindungen zwischen nicht notwendig logisch zusammenhängenden Inhalten, möglich sind und einen wichtigen Anteil an allen Lernvorgängen haben.

Ausblick 9

> - Die lange Zeit beklagte Sprachlosigkeit zwischen Natur- und Geisteswissenschaften kann mit der Protyposis überwunden werden.
> - Auch die Gegenstände der Geisteswissenschaften haben sich in einem evolutionären Prozess herausgeformt. Die Möglichkeit ihres Entstehens zu erklären ist eine der Aufgaben der Naturwissenschaft.
> - Die Quantentheorie zeigt, dass es bereits im Unbelebten einen Keim von Subjektivität gibt: Ein unbekanntes Quantensystem kann nie so erkannt werden, wie es vor einem Messeingriff tatsächlich ist.
> - So entzieht sich die subjektive Bedeutungsgebung eines Bewusstseins einer genauen objektivierenden Kenntnisnahme.

Mit der Protyposis wird in der Naturwissenschaft ein Paradigmen-Wechsel vollzogen und eine jahrtausendealte zu einseitige Vorstellung korrigiert.

Mit ihr als Quanteninformation eröffnete sich der Weg dafür, naturwissenschaftlich zu verstehen, dass die kosmische Evolution auch eine Evolution des Geistigen beinhaltet.

Mit der naturwissenschaftlichen Begründung der Subjektivität der Bewusstseinsinhalte wird deutlich, dass das menschliche Bewusstsein nicht als Ansammlung von Algorithmen missverstanden werden darf. Es hat Möglichkeiten, nicht-algorithmisch zu reagieren, spontan und auch nicht der klassischen Logik entsprechend a-logisch.

Dieser Gesichtspunkt ist wichtig in einer Situation, in welcher viel Unzutreffendes über Transhumanität, über eine Ablösung des Menschen durch seine technischen Systeme publiziert wird.

Mit der Protyposis wird auch verstehbar, dass die erfolgreichen Lebensformen ein Gleichgewicht zwischen Konkurrenz und Kooperation finden.

© Springer Fachmedien Wiesbaden GmbH, ein Teil von Springer Nature 2019
T. Görnitz, *Protyposis – eine Einführung*, essentials,
https://doi.org/10.1007/978-3-658-23494-2_9

Sie erklärt, dass trotz aller bewährten Regeln und Gesetze die Zukunft nicht tatsächlich determiniert ist. Zu den Einflüssen auf künftige Ereignisse treten neben die materiellen und energetischen Bedingungen beim Lebendigen gleichberechtigt die Einwirkungen von Quanteninformation. Dabei erhält diese eine kontextabhängige Bedeutung.

Für uns Menschen bleibt es wichtig, bei unseren Planungen die Offenheit der Zukunft im Auge zu behalten. Immer wieder können scheinbar kleine Einwirkungen große Auswirkungen zur Folge haben.

Die Rolle der Information macht im Sozialen erklärlich, dass ein Lob eine Wirkung wie eine materielle Gratifikation und ein gesprochener Satz die gleiche wie ein Schlag haben kann.

Beziehung als grundlegende Struktur lässt verstehen, dass sich im Du die Strukturen vom Ich finden und im Ich die Strukturen vom Du.

Was Sie aus diesem *essential* mitnehmen können

- Die einfachsten Quantenstrukturen, welche mathematisch und physikalisch möglich sind – die absoluten und bedeutungsoffenen Bits von Quanteninformation der Protyposis – bilden die Grundlage der neuen Physik. Die materiellen und energetischen Quanten sind aus ihr geformt.
- Die Protyposis als kleinste Informationseinheit und zugleich als kosmische Grundschwingung überwindet die Kluft zwischen Mikro- und Makrophysik. Sie erklärt die quantischen Kräfte zwischen den Teilchen, also die drei fundamentalen Wechselwirkungen, die elektromagnetische, die schwache und die starke.
- Mit der Protyposis wird die Struktur der Raumzeit mit der Wirkung der Gravitation aufgezeigt und ein einheitliches Bild der Evolution vom Beginn des Kosmos bis zu den Kommunikationsstrukturen im Lebendigen geschaffen.
- Das Bewusstsein als Struktur von Quanteninformation, die sich erlebt und kennt, wird als wirkende Realität naturwissenschaftlich erklärt. Es wird getragen von Photonen und bildet mit dem Gehirn eine Uniware.

© Springer Fachmedien Wiesbaden GmbH, ein Teil von Springer Nature 2019
T. Görnitz, *Protyposis – eine Einführung*, essentials,
https://doi.org/10.1007/978-3-658-23494-2

Literatur

Monographien

Görnitz T (1999) Quanten sind anders/Die verborgene Einheit der Welt. Spektrum, Heidelberg

Görnitz T (2017) ... und Gott würfelt doch: Irrtümer und Halbwahrheiten über die Quanten – und wie es wirklich ist. DAS NEUE DENKEN. Kindle Edition, München

Görnitz T, Görnitz, B (2002, 2006, 2013) Der kreative Kosmos/Geist und Materie aus Quanteninformation. Spektrum, Heidelberg

Görnitz T, Görnitz, B (2008, 2009) Die Evolution des Geistigen/ Quantenphysik – Bewusstsein – Religion. Vandenhoeck & Ruprecht, Göttingen.

Görnitz T, Görnitz B (2016) Von der Quantenphysik zum Bewusstsein/Kosmos, Geist und Materie. Springer, Heidelberg

Weitere Referenzen

Bekenstein JD (1973) Black holes and entropy. Phys Rev D 7:2333

Byrd M (1998) Differential Geometry on SU(3) with applications to three state systems. UTEXAS-HEP-97-18. arXiv:math-ph/9807032v1

Dirac PAM (1980) Why we believe in the Einsteins theory. In: Gruber B, Millman RS (Hrsg) Symmetries in science. Plenum, London

Görnitz T (1988a) Abstract quantum theory and space-time-structure, part I, Ur-theory, space-time-continuum and Bekenstein-Hawking-entropy. Intern Journ Theoret Phys 27:527–542

Görnitz T (1988b) On connections between abstract quantum theory and space-time-structure, part II, A model of cosmological evolution. Intern Journ Theoret Phys 27:659–666

Görnitz T (2011) Deriving general relativity from considerations on quantum information. Adv Sci Lett 4:577–585

Görnitz T (2013) What happens inside a black hole? Quantum Matter 2:21–24

© Springer Fachmedien Wiesbaden GmbH, ein Teil von Springer Nature 2019
T. Görnitz, *Protyposis – eine Einführung*, essentials,
https://doi.org/10.1007/978-3-658-23494-2

Görnitz T (2014) Simplest quantum structures and the foundation of interaction. Rev Theor Sci 2:289–300

Görnitz, T (2017) Quantum theory and the nature of consciousness. Found Sci. https://doi.org/10.1007/s10699-017-9536-9

Görnitz, T (2018) Fundamental quantum structures – conclusions with respect to cosmology and interactions. J Phys: Conf Ser, SIS XVII, accepted

Görnitz T, Ruhnau E (1989) Connections between abstract quantum theory and space-time-structure, part III, Vacuum structure and black holes. Intern Journ Theoret Phys 28:651–657

Görnitz T, Schomäcker U (2012) Quantum particles from quantum information. J Phys: Conf Ser 380:012025. https://doi.org/10.1088/1742-6596/380/1/012025

Görnitz T, Schomäcker U (2016) The structures of interactions – how to explain the gauge groups U(1), SU(2) and SU(3). Found Sci. https://doi.org/10.1007/s10699-016-9507-6

Görnitz T, Graudenz D, Weizsäcker CF v (1992) Quantum field theory of binary alternatives. Intern J Theoret Phys 31:1929–1959

Hawking SW (1975) Particle creation by black holes. Comm Math phys 43:199

Heisenberg W (1969) Der Teil und das Ganze. Piper, München

Lyre H (2002) Zur Wissenschaftsphilosophie moderner Eichfeldtheorien. http://www.gap4.de/Proc.htm

Melia F (2007) The cosmic horizon. Mon Not R Astron Soc 382:1917–1921

Melia F, Shevchuk ASH (2012) The $R_h = ct$ universe. Mon Not R Astron Soc 419:2579–2586

Melia F, Yennapureddy MK (2018) A cosmological solution to the impossibly early galaxy problem, accepted by „Physics of the Dark Universe", arXiv:1803.07095v1 [astro-ph.CO] 19 Mar 2018

Penrose R (1989) The emperor's new mind. Oxford University Press, Oxford; Dt. (1991) Computerdenken. Springer, Heidelberg

Planck M (2001) Wissenschaftliche Selbstbiographie. In: Roos N, Hermann A (Hrsg) Vorträge, Reden, Erinnerungen. Springer, Heidelberg, S 62

Primas H (1983) Chemistry, quantum mechanics and reductionism. Springer, Heidelberg

Rovelli C (2016) Die Wirklichkeit ist nicht so, wie sie scheint. Rowohlt, Reinbek, S 273

Schirmer J (2018) Many-body methods for molecules, atoms, and clusters. Springer, Heidelberg

Straumann N (2005) Relativistische Quantentheorie – Eine Einführung in die Quantenfeldtheorie. Springer, Heidelberg, S 5

Tonry JL et al (2003) Cosmological results from high-z supernovae. Astrophys J 594:1–24

Weizsäcker CF v (1955) Komplementarität und Logik I. Naturwissensch 42:521–529, 545–555

Weizsäcker CF v (1958) Komplementarität und Logik II. Z Naturforsch 13a:245 ff.

Weizsäcker CF v (1972) Die Einheit der Natur. Hanser, München

Weizsäcker CF v (1981) Der bedrohte Friede. Hanser, München, S 196

Weizsäcker CF v (1985) Aufbau der Physik. Hanser, München

Wheeler JA (1981) The elementary quantum act as higgledy-piggledy building mechanism. In: Castell et al (Hrsg) Quantum theory and the structures of time and space. Hanser, München

Lesen Sie hier weiter

Printed in the United States
By Bookmasters